1 最早的出土品/The Earlist Unearthed Relics

彩图1　6000年前的草鞋山葛织物

Kudzu Cloth of 4000 B.C.Unearthed in Caoxieshan

彩图2　5500年前的浅绛色罗（河南青台出土）

Purple Silk Leno of 3500 B.C. Unearthed in Qingtai of Henan Province

2 纺纱/Yarn Manufacturing

彩图3　北宋王居正《纺车图》

Figure of Spindle Wheel by Wang Juzheng of the Northern Song Dynasty

彩图4　萨克森内纺车

Saxony Spindle Wheel,
Simultaneously Twisting and Winding

3 织造/Fabric Manufacturing

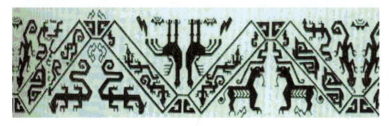

彩图5　战国舞人动物绵纹样复原图

A Sketch of Dancers and Animals Pattern of the Warring States Period

彩图6 黎族原始腰机
Breast Loom of Li Nationality

彩图7 汉代釉陶斜织机模型
A Glazed Pottery Model of Inclined
Loom（the Han Dynasty）

彩图8 丁桥织机
Dingqiao Loom with multi-pegged-
treadles

彩图9 宋《耕织图》中的花楼机
Draw Loom in "Drawings of Ploughing and
Weaving" of the Song Dynasty

彩图11 缂丝织机
Kesi Loom

彩图10 明代《宫蚕图》中的花楼机
Draw Loom in "Drawings of Sericulture in the Palace" of the Ming Dynasty

彩图12 大花楼机
Draw Loom with a Major Pattern Sheet

4　染整/Dyeing and Finishing

彩图13　唐代《捣练图》
Drawing of the Tang Dynasty Showing Textile Finishing Processes

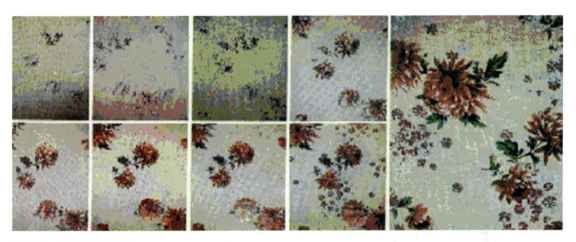

彩图14　现代八套色印花
Contemporary Progressive Printing with Eight Colors

5　产品/Products

5.1　先秦/Pre-qin Period

彩图15　战国六边形纹织成锦
Brocade with Hexagonal Pattern
of the Warring States Period

彩图16　战国印花布
Printed Cotton Cloth of the Warring States Period

5.2 汉唐/Han to Tang Dynasties

彩图17 西汉菱花贴毛锦
Brocade with Lozenge Pattern of the Western Han Dynasty

彩图18 新疆尼雅出土的缂毛
Kemao Unearthed in Niya Xinjiang District

彩图19 新疆尼雅出土的2 000年前的男尸上的彩色毛料衣服
Remains 2 000 Years ago Unearthed in Niya Xinjiang District, Showing Colored Wool Apparels

彩图20 东汉万世如意锦
Brocade with Chinese Characters of the Eastern Han Dynasty

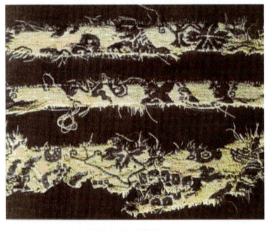

彩图21 东汉人兽葡萄纹毛织品
Men-animal-grape Patterned Wool Fabric of the Eastern Han Dynasty

彩图22 东晋织成鞋
Pattern Woven Shoes of the Eastern Jin Dynasty

彩图23　北朝树纹锦
Brocade with Tree Figures
of the Northern Dynasties

彩图24　北朝扎染绢
Tie-dyed Silk of the Northern
Dynasties

彩图25　北朝蜡染棉布
Batik Dyed Cotton Cloth
of the Northern Dynasties

彩图26　唐代扎染绢
Tie-dyed Silk of the Tang Dynasty

彩图27　唐代蜡染绢
Batik Dyed Silk of the Tang Dynasty

彩图28　唐扎染罗
Tie-dyed Leno of the Tang Dynasty

彩图29 唐印花绢
Printed Silk of the Tang Dynasty

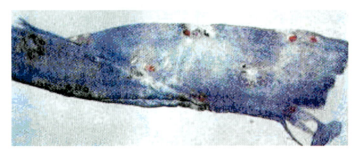

彩图30 唐代青容
Gauze with Gold-painted Figures on Sky
Blue Ground of the Tang Dynasty

彩图31 唐代缂丝带
Kesi Band of the Tang Dynasty

彩图32 唐代麻布
Ramie Cloth of the Tang Dynasty

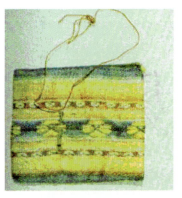

彩图33 唐代晕绸纹锦
Brocade with Muted Stripes of
the Tang Dynasty

彩图34 唐方棋纹锦
Brocade with Chess Pattern
of the Tang Dynasty

彩图35　北宋灵鹫纹锦
Brocade with Eagle Pattern of
the Northern Song Dynasty

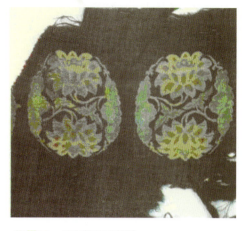

彩图36　北宋蓝地重莲绵
Brocade with Double Lotus Patterns on Blue
Ground of the Northern Song Dynasty

彩图37　宋锦八角回龙
Brocade with Octagons and Dragons of the Song Dynasty

彩图38　南宋花绫
Patterned Ghatpot of the Southern Song Dynasty

彩图39　南宋朱克柔缂丝《莲塘乳鸭图》
Kesi "Infant Ducks in Lotus Pool" by Zhu Kerou
of the Southern Song Dynasty

彩图40 南宋印金花边
Gold-printed Lace of the Southern Song Dynasty

彩图41 南宋罗镶花边单衣
Leno Unlined Clothing with Patterned Lace of
the Southern Song Dynasty

彩图42a 元代织金织物纳石失
Patterned Fabric with Gold-coated Yarns
of the Yuan Dynasty

彩图42b 元代织金织物纳石失放大图
Enlarged Parts of Patterned Fabric with Gold-coated Yarns
of the Yuan Dynasty

5.4 明清/Ming to Qing Dynasties

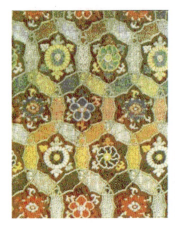

彩图43 明盘绦纹绵
Brocade with Spiral
Bands Pattern of
the Ming Dynasty

彩图44 明织金罗
Leno with Gold-coated Yarns
of the Ming Dynasty

彩图45　明代加金缎
Satin with Chinese Characters Woven with
Gold-coated Yarns of the Ming Dynasty

彩图46　清妆花缎
Satin Zhuanghua of the Qing Dynasty

彩图47　清光绪龙袍局部
Part of the Dragon Gown of the Qing Dynasty

彩图48　清代缂丝靠垫
Surface of a Kesi Cushion of the Qing Dynasty

彩图49　清代缎绣
Embroidery on Satin Ground
of the Qing Dynasty

5.5 海外古代产品/Ancient Overseas Fabrics

彩图50　4—5世纪埃及提花毯
Egyptian Patterned Blanket in 4th–5th Century

彩图51　7—8世纪埃及织物
Egyptian Fabric in 7th–8th Century

彩图52　14世纪西班牙织物
Spanish Fabric in 14th Century

彩图53　15世纪意大利织物
Italian Fabric in 15th Century

彩图54　15—16世纪意大利织金天鹅绒
Italian Velour with Gold-coated Yarns in 15th–16th Century

彩图55　16世纪西班牙织物

Spanish Fabric in 16th Century

彩图56　17世纪波斯天鹅绒

Persian Velour in 17th Century

彩图57　17世纪土耳其阿拉伯文字织物

Turkish Fabric with Arabian Characters in 17th Century

彩图58　17世纪印度印花布

Indian Printed Cloth in 17th Century

彩图59　17世纪小亚细亚织锦

Minor Asian Brocade in 17th Century

彩图60　18世纪意大利提花织物

Italian Patterned Fabric in 18th Century

彩图61　19世纪日本花布
Japanese Printed Cloth in 19th Century

5.6　少数民族织品/Products of Mionor Nationalities

彩图62　清藏族睡垫
Sleeping Cushion of Tibet Nationality （the Qing Dynasty）

彩图63　苗族蜡染
Batik Dyed Cloth of Miao Nationality

彩图64　清维吾尔族和田绸
Tied-warp Dyed Hetian Silk of Uygur Nationality （the Qing Dynasty）

彩图65 清苗族双鹤锦

Brocade with Double Cranes Pattern of Miao Nationality（the Qing Dynasty）

彩图66 清哈尼族锦

Brocade of Hani Nationality（the Qing Dynasty）

彩图67 清傣族锦

Brocade of Thai Nationality（the Qing Dynasty）

彩图68 清长城艺毯缂毛

Art Blanket of Kemao（Tapestry）（the Qing Dynasty）

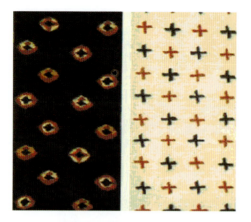

彩图69　西藏毛织物氆氇
Pulu（A Kind of Wool Fabric）of Tibet District

彩图70　台湾高山布
Cloth Made by the Natives of Taiwan Province

彩图71　贵州蜡染
Batik Dyed Fabric in Guizhou Province

彩图72　维吾尔族爱得丽斯绸
Adelis Silk by Uygur Nationality

彩图73　苗锦
Brocade of Miao Nationality

彩图74　壮锦
Brocade of Zhuang Nationality in Guangxi District

5.7　近现代产品/Modern and Contemporary Products

彩图75　云锦妆花缎
Satin Zhuanghua（A Kind of the Yun Brocade
Produced in Nanjing）

彩图76　现代缂丝
Contemporary Kesi

6　衣装/Appards

彩图77　战国锦锦袍
Floss Gown with Brocade Face of the Warring States Period

彩图78　西汉锦袍
Floss Gown of the Western Han Dynasty

彩图79 东汉锦袍
Gown with Brocade Face
of the Eastern Han Dynasty

彩图80 唐女俑
Maiden Figure of
the Tang Dynasty

彩图81 唐代女服
Woman Clothing of the Tang Dynasty

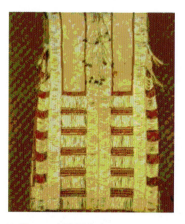

彩图82 台湾贝珠衣
Apparel with Shell and Pearl Sets in
Taiwan Province

彩图83 黎族服装
Apparel of Li Nationality in Hainan
Province

彩图84 清代龙袍
Dragon Gown of the
Qing Dynasty

7 纺织艺术/Textile Art

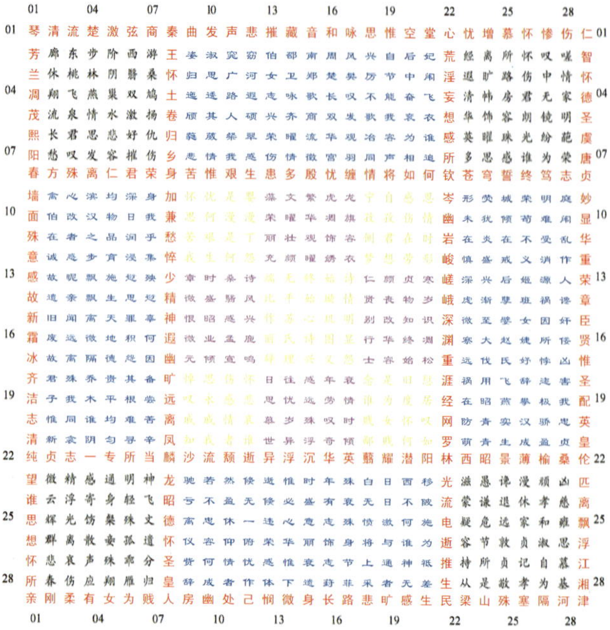

彩图85 《璇玑图》
Recovery of the Poetic Meander
Map "Xuan-ji-tu"

纺织服装高等教育"十二五"部委级规划教材

INTRODUCTORY HISTORY OF TEXTILE SCIENCE AND TECHNOLOGY

(2ND EDITION)

纺织科技史导论（2版）

◎ 周启澄　程文红　编著

东华大学出版社

内 容 提 要

　　本书简明介绍了纺织科学和纺织技术的发展历史,分"总论""通史""专史""专论""文献导读"和"附录"六个部分。"总论"叙述纺织科学的总貌和纺织生产的发展历程;"通史"包括中国纺织史和世界纺织史,侧重纺织科技从原始到现代的演变规律;"专史"包括丝绸、麻纺织、毛纺织、棉纺织、印染、刺绣、针织、化纤、服装等的发展史;"专论"包括若干研究论文,涉及英语称中国为"China"的由来、回文诗《璇玑图》、中国特色成功之道、中国特色科技创新思维,以及英语论文,涉及中国手工纺织十大发明、提花机发展史、当代棉毛纺织工业发展大趋势等;"文献导读"简介先秦至清代包含较多纺织史料的主要传世著作;"附录"含纺织史学科奔三个面向、本书教学框架等。为便于国际交流,书中附有专业关键词的中英文对照和中英文目录。

　　本书可作为与纺织相关的中等以上学校的选修课教材,特别适合本科高年级和研究生的选修课教学,也可以供纺织企业的管理人员、科技人员以及对纺织有兴趣的读者阅读。

图书在版编目(CIP)数据

纺织科技史导论 / 周启澄,程文红编著.—2版. —

上海:东华大学出版社,2013.6

ISBN 978-7-5669-0296-2

Ⅰ.①纺…　Ⅱ.①周…　②程…　Ⅲ.①纺织工业—
工业技术—技术史—世界　Ⅳ.①TS1-091

中国版本图书馆 CIP 数据核字(2013)第 129700 号

责任编辑:张　静
封面设计:魏依东

出　　　版:东华大学出版社(上海市延安西路 1882 号,200051)
本社网址:http://www.dhupress.net
天猫旗舰店:http://dhdx.tmall.com
营销中心:021—62193056　62373056　62379558
印　　　刷:苏州望电印刷有限公司
开　　　本:787mm×1092mm　1/16
印　　　张:12.25
字　　　数:306 千字
版　　　次:2013 年 6 月第 2 版
印　　　次:2020 年 9 月第 2 次印刷
书　　　号:ISBN 978—7—5669—0296—2
定　　　价:49.00 元

再版前言

本书第一版问世至今已 10 年。在这 10 年中，我国的纺织生产持续稳定发展，不但满足了国内需求，而且几乎输出到世界各个角落，为美化人们的生活作出了贡献。强大的纺织生产，需要大量青年精英去经营。全国各地的许多院校，纷纷开设纺织、服装专业。人们对科技史学科在启迪学生创造思维方面的作用的认识不断加深。在高等教育"纺织科学与工程"的一级学科之下，增列了二级学科"古代纺织工程"，这就使得纺织科技史学科这根"毛"，有了可以依附的"皮"。选修纺织科技史的青年学生，也日益有所增加，这使得本书第一版终于结束了"冷门"时代，有了再版的需求。

本人虽然在本书初版时已年届 80，但研究没有终止。趁再版的机会，把研究心得和参加国际交流的文稿，在程文红的协助下，整理编入。另外，为扩大学生的阅读面，添加了"文献导读"一章。专业关键词汇和汉英双语目录由程文红制作。

青出于蓝而胜于蓝是历史的必然。吾老矣，数风流人物，还看今朝！

周启澄
2013 年 4 月

初版前言

纺织是一项关系到亿万人民生活的生产活动。狭义的纺织指纺纱和织布;广义的纺织(大纺织)则包括化学纤维生产、原料初步加工、缫丝、针织、染整,以及最终的衣装、装饰和各类产业用纺织品的生产。解决纺织生产实践问题的方法和技艺就是纺织技术,在现代构成纺织工程;而人们在此基础上所掌握的基本规律体系,则构成纺织科学。

如今我国的纺织生产,不仅保证了 13 亿人民舒适且优美的衣装,以及家居装饰、工农业生产、文化旅游、医疗、国防等部门所需的纺织品,而且在 2000 年的出口超过 520 亿美元,占世界同类出口总额的 13% 以上。棉纱布、毛纱呢绒、丝绸、化学纤维、服装等生产量,稳居世界首位,同时创造了 1 000 多万个就业岗位。

纺织科技在今天,正在吸收各方面的高新技术,使纺织生产逐步从劳动密集型向智能化、信息化发展。人类历史上,纺织生产曾经发生过两次飞跃:第一次飞跃大约在 2 500 年前,首先发生于中国,从此开始了手工业的时代。我们的祖先在这次飞跃中作出了十分辉煌的贡献,我们把它归纳为"十大发明",几乎可以和众所周知的"四大发明"相媲美。其中,最为突出的是育蚕取丝。蚕本来是桑树上的"害虫",吃其叶,伤其树。蚕多桑必不繁,桑繁蚕必难多。这是一对矛盾。我们的先人把蚕和桑分离开来,实行采叶喂蚕,使蚕桑两旺。我国由此获得"丝国"的美誉,"适度"体现了中国哲学原理"中庸之道"。第二次飞跃大约在 250 年前,发生在西欧,从此开始了大工业的时代。

在这次飞跃中,我国的贡献微不足道。这中间,有许多问题值得我们去思考。现在正面临第三次飞跃,急需大量培养科技人才。

为了发扬我国上代人勤奋创造的优良传统,吸取上代人的创造思维经验,启迪年轻一代奋发向上,成长为纺织生产第三次飞跃的骨干力量,我们建议在各类相关院校,特别是大学本科高年级和研究生教学中,开设"纺织科技史导论"课程。为此,我们编写了这本教材。

本书主要取材于《中国大百科全书·纺织》中纺织史学科的有关条目和《中国近代纺织史》的有关内容。"总论"部分由本人起草,经《中国大百科全书·纺织》分科主编会议审议,最后由陈维稷同志亲自修改定稿,并且署名刊用;"通史"由本人改写;"专史"则采自纺织史学科所约请的各分支行业的权威专家们所写的条目;"附录"的内容是本人近年来所撰写的有关论文。成稿时,根据新近纺织科技的发展,进行增删和修改。为了使学生有更多练习专业英语的机会,原来用英文发表的论文仍保持英文,附图也增加了英文图名。屠恒贤副教授结合教学实际,对书稿提出了宝贵的修改意见。博士生程文红在书稿录入和插图加工等方面做了许多工作,并由此对纺织科技史产生了极其浓厚的兴趣。我衷心希望,纺织史学科能有更多年轻的学者加入到研究行列,使学科得到进一步的发展。

本书着眼于普及纺织科学,行文深入浅出,图文并茂,但因时间和经费限制,还比较粗糙,衷心希望读者指正。

周启澄
2002 年 10 月

目　录

1　总论——纺织生产和纺织科学

人们为了生活，第一要吃饭，第二要穿衣。自古以来，除了裘、革之外，几乎所有的衣料都是纺织品。作为一门生产，狭义的纺织是指纺纱和织造；广义的纺织则还把原料初加工、缫丝、染、整，以至化学纤维生产及最终衣物等的缝制都包括在内。纺织产品除了供衣着之外，也供观赏、包装等用。在现代，还用于家庭装饰、工农业生产、医疗、国防等方面。解决纺织生产实践问题的方法和技艺就是纺织技术，在现代构成纺织工程；而人们在此基础上所掌握的基本规律体系则构成纺织科学。

1.1　纺织生产的作用和地位

在人类历史上，纺织生产是差不多和农业同时开始的。纺织生产的出现，可以说是人类脱离"茹毛饮血"的原始时代，进入文明社会的标志之一。人类的文明史，从一开始便和纺织生产，以及在此基础上产生的纺织技术和纺织科学紧密地联系在一起。纺织生产出现以后，在很长的历史时期内，一直作为农业的副业而存在。纺织科学也是与农学同时产生和发展的，但主要靠言传身教，文字资料并不多。因此，纺织科学和农学一样，由于诞生得早，在整个人类文化中处于特殊的地位。这种地位在形成文字较早的民族，如中国汉族，可以从词汇的形成过程看出其梗概。汉语中存在着大量来源于纺织的词汇，有的起源非常古远，有的几经辗转引申，粗看已不易发现这种渊源关系，但涉及面十分广泛。例如，在殷商甲骨文中，"纟"旁的字有100多个；东汉的《说文解字》中，收有"纟"旁的字有267个，"巾"旁的字75个，"衣"旁的字120多个，都直接或间接地与纺织有关。在现代汉语中，不管是各学科术语，还是日用的形容词、副词、抽象名词，以至成语，都有许多从纺织术语借用过来的字或词。如"综合分析""组织机构""成绩""纰漏""青出于蓝""笼络人心""余音绕梁"等等。这里，"分析""成绩"来源于纺麻；"综合""机构""组织""纰漏"来源于织造；"络"和"绕"来源于编结和缫丝；"青"和"蓝"来源于植物染料染色。

纺织生产技术是世界各族人民长期共同创造和经验积累的产物。地中海南岸和东岸首先广泛利用亚麻和羊毛。出土文物表明，大约在公元前4000年，埃及已经生产各种亚麻织物。伊拉克地区曾出土同一时期用于羊毛交易的印记。东部和南部亚洲首先广泛利用丝、麻和棉。中国曾出土公元前3500年的丝织品。大麻和苎麻也首先在中国得到广泛种植。南亚次大陆曾出土公元前3000年的棉制品。中美洲和南美洲北部，今墨西哥和秘鲁地区，在史前时期已开始生产棉织物和毛织物。

人类进入阶级社会之后，纺织生产一直是统治阶级立国的基础之一。中国很早就有"天子躬耕，皇后亲蚕"——提倡农耕和纺织的传统。纺织品还一直是国家主要的实物贡赋之一。

在近代历史上，第一次"产业革命"是从纺织行业开始的，从此开创了大工业的时代。现代工业发达国家几乎都是通过发展纺织工业来积累资本，实现资本主义工业化的。对于社会主义国家，尽管在一个时期实行优先发展重工业的政策，但纺织仍是其重要的一个经济部门。以中国为例，在国民经济翻两番规划的起点1980年，纺织生产总值占全国工业总产值的13.4%，上缴税金和企业利润占全年财政总收入的14.8%，不仅保证了当时全国10亿人民的衣着需要，而且为国家建设做出了重大贡献。到2000年，中国纺织业虽然经历了巨大困难，但出口金额仍然居全国各行业首位，达到520亿美元左右，比1995年增加31.5%，占世界纺织品、服装出口总额的13%以上；纺织纤维加工总量为1210万吨，比1995年增加50%；棉纱产量630万吨，比1995年增加16%；化纤产量690万吨，比1995年增加115%；人均纤维消费量6.6千克，比1995年增加2千克。棉纱、棉布、毛纱、呢绒、蚕丝、丝绸等和服装、化纤等生产量，均稳居世界首位。设备能力，棉纺4200万锭，毛纺380多万锭，缫丝320万绪，梭织服装100亿件。棉布按人口平均产量达到20米，居世界前列。而且，吸纳劳动力超过1000万人。

经过漫长的发展，到20世纪末，全世界每年生产的纺织原料约4000万吨，其中棉花和化学纤维约各占一半，麻、毛、丝所占的份额不大，但是各具特殊的使用价值，受到人们的喜爱。纺织生产能力以占主导地位的棉纺设备为例，已达到1.6亿多锭，满足了60多亿人口的衣着和其他需要。但是，就纺织科学而言，尽管其历史悠久，还存在一系列的课题，有待进一步研究。

1.2 纺织生产的发展历程

我国各族劳动人民的纺织生产实践，在世界各民族中，起源极早，范围极广，对人们的物质生活和精神生活影响的最深。它的发展大致经历了以下几个时期：

1.2.1 原始手工纺织时期

即公元前22世纪及以前。这个时期大体相当于夏代之前的原始社会，即史书上传说的"三皇五帝"及以前的时代。这个时期又可分为两个阶段。

1.2.1.1 采集原料为主阶段

大体相当于旧石器时代。那时，人们靠采集野生的葛、麻、蚕丝和猎获的鸟兽羽毛进行纺织，就地取材，基本不用工具，徒手制作。

1.2.1.2 培育原料为主阶段

大体相当于新石器时代。随着农牧业的发展，人们逐步学会了种麻、育蚕、养羊等培育纤维原料的方法。那时已开始利用较多的纺织工具，产品较为精细，除了服用性以外，已开始织出花纹，施以色彩，但劳动生产率还极低。

1.2.2 手工机器纺织时期

即公元前21世纪—公元1870年。这个时期所使用的工具，已经逐步改进，发展成为包含原动、传动和执行机构在内的完整的机器，但是这种机器需要由人力驱动，而且人的手、足需参与部分操作，所以叫做"手工机器"。这一时期也分为两个阶段。

1.2.2.1 手工机器纺织形成阶段

　　大体相当于夏朝至战国（公元前 21 世纪—公元前 221 年）。那时，缫车、纺车、脚踏织机相继发展成为手工机器。人手参与牵伸、引纬等工艺动作，手或脚还要拨动辘轳或者踏动机蹑。这样，劳动生产率比原始手工有大幅度的提高，生产者也逐步职业化。纺织、染整全套工艺逐步形成，产品的艺术性也大大提高，并且大量成为商品，产品规格和质量也逐步有了从粗放到细致的公定标准。在这个阶段，丝织技术突出发展，丝织品已经十分精美。在织纹方面，除了有规律的缎纹之外，平纹、斜纹以及变化组织全部出现。多样化的织纹加上丰富的色彩，使丝织品具有很高的艺术性。麻纺织、毛纺织技术也有相应的发展和提高。实现手工机器化是纺织生产历史上的第一次飞跃。它很早在中国出现，以后通过各种渠道缓慢地传向境外，与当地人民的创造相结合，使纺织生产水平大大提高。

1.2.2.2 手工机器纺织发展阶段

　　相当于秦汉至晚清（公元前 221 年—公元 1870 年）。手工纺织机器逐步发展，出现多种形式。如缫车、纺车从手摇式发展成几种复锭（2～4 锭）脚踏式；织机则形成了普通和提花两大系列。

　　纺织工艺和手工机器到宋代已达到普遍完善的程度。正规缎纹的出现，使织物组织臻于完全。一家一户个人使用的手工纺织机器已相当完备，以后一直很少变动地流传到近代。南宋以后，棉纺织生产逐步发展成为全国许多地区的主要纺织生产。棉布成为全国人民日常衣着的主要材料。葛逐步被淘汰，麻也失去作为大宗纺织原料的地位。部分地区出现了用畜力或水力拖动的 32 锭大纺车，以适应规模较大的集体生产的需要，成为动力纺织机器的雏形。但织造机器仍是由 1～2 人操作，适于一家一户使用。

　　中国实现纺织生产的第一次飞跃大约在公元前 500—公元前 300 年。那时，中国已经推广了缫车、纺车、织机等人类历史上最早的一批机器。这种手工纺织机器，后来被记录在汉代的画像石上（图 1-1），其形象得以保存下来。由于这种手工机器的推广，纺织品的产量、质量和劳动生产率都大大提高。

图 1-1　江苏曹庄出土的汉画像石
Carved Stone of Han Dynasty
Unearthed in Jiangsu Province

　　在这种纺织生产手工机械化形成以及以后的发展过程中，中国人作出了许多独特的创造。下面是一些突出的例子：

　　（1）育蚕取丝

　　蚕本来是桑树上的害虫，吃其叶，害其树。中国人发明适度采叶饲蚕（图 1-2），使蚕和桑既互相联系，又相互分离，进行人工调节，实践了"中庸之道"的哲学原

图 1-2　战国铜器上的采桑叶图
Picking Mulberry Leaves as Depicted on a
Bronze Vessel of the Warring States Period

则，避免了盲目性，解决了矛盾，达到蚕桑两旺。中国人还首创了缫丝技术。

（2）振荡开松

在纺纱前，中国人利用弓弦的音频振荡（图1-3，图1-4），和粗细、长短不同的纤维之间的共振频率差异，使纤维块变得松散，利于纺纱，避免纤维损伤。

图1-3　用弹弓弹松棉花
Opening Cotton with a Bow

图1-4　用弹弓弹松羊毛
Opening Wool with a Bow

（3）水转纺车

中国人制成了32锭水转大纺车，利用水力拖动，进行捻线。这是动力纺纱机的雏形。图1-5为手摇大纺车。

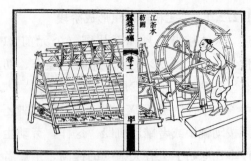

图1-5　手摇大纺车
Grand Spinning Wheel（Twisting Frame）

（4）以缩判捻

中国人利用纱线加捻后的收缩率与加捻程度成正相关关系的原理，根据捻缩大小来判定纱线加捻的程度（图1-6）。

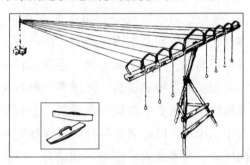

图1-6　打线车利用捻缩判定捻度
Determining Yarn Twist through Contraction

（5）多综多蹑

中国人在织造花纹织物时，很早就使用多综多蹑机，普通的机子上，综、蹑数各有50～60。每条蹑的宽度，不足2厘米，远窄于工人的脚面。为了踏蹑的方便，我们的先人发明了"丁桥"法，即在每条蹑上安装凸钉，使相邻蹑上的凸钉位置错开，好像在溪流中供人们踩着过河的系列石块组成的"丁桥"，由此得名"丁桥织机"。（参阅第24页图2-21）

文献记载：三国时，马钧曾把蹑数减至12。这可有两种解释：一是他发明了组合提综法。因12中任意取2，可有66种组合，所以用2蹑控制1综，蹑数虽减少至

12，可控的综仍可达到66（图1-7）。另一种是他把织地组织和织花纹分开——留下12条蹑织地组织（6条起综，6条伏综），另外，用"花本"控制织花。

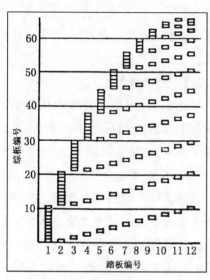

图1-7　组合提综法示意
Healds Lifting by Combinatorial Pedals

（6）人工程控

中国人发明的花楼提花织机上编有"花本"。这是用线编出来的提综顺序存贮器（图1-8）。通常，花楼提花机上有起综、伏综各6片，图中只画出起综、伏综各4片。有了它，织工可以不加思索地织出极其复杂的花型图案。

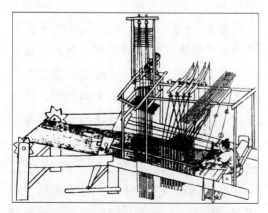

图1-8　人工程序控制——花本提花
Draw Loom with a Minor Pattern Sheet

（7）缬染技艺

中国各族人民发明了多种形式防染印花技术——缬。如苗族有蜡染，染后带有自然冰纹，富有韵味；维吾尔族有扎染（绞缬），带有无级层次的色晕，美妙绝伦（图1-9）。中国人首创了镂空版印花技术，成为现代筛网印花的前身。

图1-9　扎染的产品和方法示意
Product and Method of Tie-dyeing

中国南方流传的薯莨涂层整理产品香云纱，不怕水、不贴身，是夏服与水上作业服的上好材料。采用染色与整理合一的工艺。

（8）多种织品

中国人首创了许多独特的织品，如缎、双绉，以及"通经回纬"织花，如雕刻的缂丝。图 1-10 为汉代米字纹绮，即平纹地上起斜纹花的织品。

图 1-10　米字纹绮
Silk "Qi" with Twill Patterns on Plain Ground

（9）组织劳动

中国周代的官办纺织手工作坊按工种分工。到唐代更按工艺与产品品种分设专门工厂，细密分工，有组织地协调生产。

（10）公定标准

中国周代已有布帛幅宽与匹长的公定标准：匹长 44 尺，合今 9.24 米；幅宽 2.2 尺，合今 0.508 米。不合标准，不准上市。

中国的这些创造发明逐步传向世界各国，与各地人民的创造相交融，使全世界的纺织生产在几百年到上千年的时间内，或先或后地实现了手工机械化。

特别应当指出，中国在南宋已经出现动力纺织机器的雏形——适于集中性大量生产的多锭捻线机。只是由于商品经济在古代中国没有很大发展，这种发明也很少有被推广的可能。在 16 世纪以后的欧洲，则出现另外一种情况。

1.2.3　动力机器纺织时期

1871 年以后，纺织机器的原动力逐步由畜力、水力发展到蒸汽力和电力，使过去一家一户或者手工小作坊的分散形式逐步演变成集中性大规模的工厂生产形式。人力的作用由主要作为原动力转向主要用于看管机器和搬运原材料与产品，劳动生产率有了更大幅度的提高。这是纺织生产历史上的第二次飞跃。世界上这次飞跃最早在 18 世纪开始于西欧，以后逐步推向各地。

1.2.3.1　历史背景

早在 16 世纪初（我国明代中叶，即郑和远航非洲开始后约 100 年），欧洲人发现了到美洲大陆和绕非洲好望角到印度，及绕南美洲南端到亚洲的海上通道，从此开辟了世界性的商品市场。英国的传统手工业——毛纺织产业输出大增，羊毛涨价。这就促使英国贵族发动此后一直延续 200 多年的圈地运动，也就是圈购农田，毁屋迁人，废耕返牧，发展养羊。于是英国羊毛大增产，破产农民转而参加手工工人的队伍。到 16 世纪中叶，英国已有一半人口从事手工毛纺织业。那时，正值欧洲大陆政局动荡，战争频繁，技术工人纷纷渡海到英国避难。这也为英国毛纺织手工业技术水平的提高创造了条件。迅猛发展的手工业和商业孕育了英国的资产阶级。英伦三岛的和平稳定为产业革命的孕育提供了条件。

17 世纪下半叶（我国清康熙年代），英国资产阶级革命取得胜利，进而与贵族合流，实行联合专政，这就更加促进英国的海外贸易。英国凭借强大的海军，掠夺海外殖民地和市场，大量诱捕、强抓非洲黑人，充当开发"新大陆"，特别是种植棉花的奴隶劳力，获取暴利。到 18 世纪中叶（我国清乾隆年代），英国先后侵占印度（1757）和澳大利亚（1770），从而获得巨大的纺织原料基地（印度棉花和澳洲羊毛），为英国纺织业的更大发展创造了条件。

在上述形势下，过去没有人理睬的纺织及相关的技术发明，在英国则获得广泛的应用，其中比较突出的有1738年发明的"飞梭"装置。这种装置使织布投梭频率比手抛梭快一倍，而且布幅可以加宽，织布生产率因之大大提高。这又促进纺纱技术的发展。1748年制成了罗拉式梳毛机和盖板式梳棉机，大大提高分梳纤维的速度和质量。1779年在对手摇和脚踏纺车进行多次革新的基础上，制成了水力拖动、每台300～400锭的大型纺纱"骡机"，即走锭机。1785年，水力驱动的织机也试验成功。这一系列的革新为纺织工艺的动力机械化创造了条件。这一年，活塞式蒸汽机开始用于纺织生产。于是大规模集中性的纺织工厂诞生了。劳动生产率比手工作坊大大提高，产品质量也逐步赶上并超过手工产品。这样，纺织工厂很快地发展起来，把手工作坊挤垮。纺织生产在英国出现历史上第二次飞跃。到18世纪末，英国的纺织品已经垄断了当时的世界市场，并且由毛织品开始，逐步打入中国。英国靠纺织业积累了大量资金和技术，用以对冶金、机械制造和煤炭等生产进行类似的改革。这就是世界上的一次"产业革命"。

到1811年（我国清嘉庆年代），英国已拥有纱锭500万枚，其绝对数量相当于我国1949年的规模。又过半个世纪，到1860年，英国纱锭已达3 000万枚。相当于我国20世纪80年代末的规模。到1927年，英国纺织生产能力达到高峰，拥有纱锭5 700万枚。这意味着英国以世界1%左右的人口，包下了世界1/3人口的衣料生产。此后，虽然由于裁并小厂，淘汰旧机，生产规模有所收缩，但到1937年，仍拥有纱锭近3 900万枚，大大超过我国20世纪80年代的规模。如果再把人口因素考虑进去，其生产力之大可想而知。

英国通过产业革命，到1850年，在世界工业总产值中所占份额达39%，在世界贸易总额中占21%。棉制品占英国出口总额的40%。1860年英国棉、毛制品出口已占全国出口总额的58%。同期机械出口只占总额的2%，钢铁出口只占总额的9%。由此可以看出，纺织对当时英国经济的作用是何等巨大。

英国因产业革命成功而大大富强起来的先例，使欧、美各国群起仿效，并从18世纪末、19世纪初的几十年内，或早或迟也相继实现了这种改革。到19世纪中叶，欧洲工业的发展已经达到无产阶级和资产阶级矛盾尖锐化的程度。法国1848年的工人起义和1871年的巴黎公社起义都说明了这一点。

19世纪60年代，这种变革传到明治维新以后的日本。日本采取不同于欧、美各国的办法，而是走捷径，直接从欧洲引进成套设备、技术和人才。从1880年起，日本纺织工业得到迅猛的发展。这些先例，对动力机器纺织和工厂生产形式在中国的出现，都产生巨大的影响。但是，中国对近代纺织工业生产方式的引进，并不是主动、和平地进行，而是在帝国主义者武力压迫下被动地进行的。1840年英国侵华战争的直接导火线虽然是鸦片贸易，但实际上英国棉纺织中心曼彻斯特市早就要求英国政府用武力打开中国纺织品市场。1894年日本发动甲午战争，就有日本新兴纺织资本家要求掠夺中国的原料、市场和在中国拥有开设工厂特权的动机。中国的民族纺织工业就是在上述两次战争失败后,先是外国纺织商品,后是外国纺织资本大量进入的情况下诞生,并在极其艰苦的反复斗争中成长的。

动力机器纺织在中国经历了两个阶段。

1.2.3.2 动力机器纺织形成阶段

即 1871—1949 年。此时动力纺织机器和工厂生产形式逐步从国外引进中国,并且成为主导地位的生产方式。

(1) 孕育(1871—1877)

随着中外交通、贸易的发展,以及帝国主义势力的入侵,沿海经济"堤坝"开始溃决,以英国为主,较早形成动力机器纺织的西方机制纺织品(洋纱、洋布)如洪水般大量涌入。中国的廉价劳力和原料以及广阔的市场,吸引着外国人多次企图在中国开办动力机器纺织工厂,但受到中国当局的阻挠。因此,中国广大土地上的手工机器纺织虽然受到洋货大量进口的冲击,但仍占据主导地位。

(2) 初创(1878—1913)

首先,洋务派的头面人物着手从欧洲引进动力纺织机器和技术人员,仿照欧洲的方式建立纺织工厂。1895 年清朝被迫签订《马关条约》,允许外国人在中国办厂。自此以后,英国与日本等资本家纷纷前来中国兴办纺织工厂。中国民间士绅在"振兴实业,挽回利权"的口号下,也集资办起纺织厂。图 1-11 为左宗棠创建的毛纺织厂,图 1-12 为张謇创建的棉纺织厂。但是,不管是洋务派还是民间士绅所办的纺织厂,数量不多。手工机器织的土布,仍是全国人民的主要衣料。

图 1-11 甘肃织呢局
The First Woolen Mill of China

图 1-12 南通大生纱厂
Early Cotton Mill in Nantong City

(3) 成长(1914—1936)

第一次世界大战期间,欧、美列强自顾不暇,放松了对中国的纺织品倾销。给中国民族资本家以发展纺织工业的良好时机。华商纺织厂有了很大的发展。日本资本家也趁机扩大其在华纺织生产能力。第一次世界大战结束后,欧、美列强逐步恢复元气,纺织品再度大批输华。这时中国民族资本纺织业已经不像初创阶段那样脆弱,而是在激烈的竞争中,形成了一定的实力。这样迂回曲折,时起时落,总体还是在扩大。到 1936 年,中、外资棉纺织生产能力合计已达到 500 多万锭的规模,其中民族资本占一半以上。机织布已成为人民衣料的重要来源,但是与当时 4 亿人口相比,仍十分不足。洋布大量进口,而手工机器织的土布仍是人们日常衣着用料的主要补充。

（4）曲折（1937—1949）

在历时 8 年的抗日战争中，纺织工业由于战争破坏、日本侵略和搬迁，设备损失不少。尽管在大后方动力机器纺织生产有所发展，但是许多地区不得不重新依靠手工机器及其改进形式来生产纺织品，以弥补战时纺织品供应严重不足的缺口。抗日战争胜利后，接收了大量的日资纺织工厂，最终形成了庞大的官办垄断性纺织集团和数量更大，但系统庞杂的大小民营纺织企业共存的局面。由于当时国民政府腐败，和全面内战的干扰，直到 1949 年，纺织工业的总规模只相当于抗日战争前夕的水平。就是在中华人民共和国成立的初期，由于帝国主义的封锁和朝鲜战争的影响，纺织工业只是在艰难中进行调整，生产能力并没有得到进一步的发展，手工织的棉布仍占全国棉布总产量的 1/4 左右。

1.2.3.3 动力机器纺织发展阶段

即 1949 年中华人民共和国成立后，经过 3 年恢复调整和生产关系的改革，纺织生产能力得到充分发挥。从 1953 年第一个五年计划开始，中国纺织工业才真正进入发展阶段。在国家统一规划下，大力发展原料生产，并主要依靠自己的力量，进行大规模的新的纺织基地建设，迅速地发展成套纺织机器制造和化学纤维生产。这样，纺织生产的地区布局渐趋合理，纺织品的产量急剧增长，国内市场纺织品供应远低于日益增长的人民需要的紧张状况逐渐缓和。到 20 世纪 80 年代，随着人民生活水平的提高和国际贸易的发展，纺织生产能力有了十分迅猛的增长；经过 90 年代初的治理整顿，转向依靠科学技术和

提高职工素质。到 21 世纪初，中国纺织工业生产能力在世界总量中所占份额大体接近于人口所占的份额。纺织生产逐步改变劳动密集的旧貌，换上了技术密集的新颜。

1.2.4 纺织生产第三次飞跃的前景

发达国家纺织界的科技人员为改变纺织工业劳动密集状况而不懈努力，并取得了一些进展。这也正是发展中国家纺织界的奋斗目标。各国都努力把尖端技术应用到纺织上来，使纺织生产面貌不断发生改变。

可以预见，未来的纺织生产将逐步转变成技术密集型的生产，其特点是原料超真化、设备智能化、工艺集约化、产品功能化、环境优美化、营运信息化。

那时，纺织原料将主要通过工业方法，而不再主要依靠农、牧业方法进行生产。原料的质量将融合天然纤维和合成纤维的优点而克服其各自的缺点。原料的品种将更加多样化，以满足各方面的不同需要。

纺织设备将主要通过电子计算机系统自动调节和控制工艺，并在单机自动化的基础上发展成为自动生产流水线。纺织染整冗长的工艺过程将通过技术进步逐步缩短，并且进一步连续化。这样就更容易形成纺织厂的整体智能化生产系统，使人可以进一步从机器旁解脱出来，做到车间里人少甚至无人而自动运转。劳动生产率由此再一次大大提高。纺织产品将极大丰富。

纺织产品除了供御寒、装饰之外，还将愈来愈多地具有各种特殊功能，以适应人们日益丰富的生活内容的需求，如卫生保健、安全防护、舒适易护理、娱乐欣赏

等等。纺织品将不仅是服饰用料，也将更多地渗透到各项工程，如交通、航天、国防、农牧渔业、医疗卫生、建筑结构、文化旅游等各个领域中去。

这样，纺织生产就将出现历史上的第三次飞跃。到那时，由于智能化生产的实现，工厂工作人员不再分成工人和技术人员，而是一批人数不多的兼通纺织、化工、电子、机械等学科的名副其实的"博士"。他们既有高度的文化科学知识，又有操纵和检修智能系统一般故障的能力；既是工程师，又是工人。纺织厂中性别"偏爱"消失，不再主要是"织女"。由于消费者对纺织品的美化要求愈来愈高，那时的纺织厂不单纯是技术部门，其中的工作人员要求既懂技术，又有艺术素养。工科和文科之间的界限开始逐步消失，体力劳动和劳力劳动的区别也逐渐消失。

那时，工厂的环境，不仅污染得到治理，而且既讲究美化，又模拟大自然，成为优美素雅的场所。劳动制度不再是呆板的八小时或者"四班三运转"，夜班从根本上被消灭，白班除值班人员外，均实行浮动工时制和计件包干制。有的工作甚至可以在家中通过计算机网络终端完成。

1.3 纺织产品及其加工过程

1.3.1 纺织产品

现代纺织产品种类繁多，用途广泛，人们头上戴的，身上穿的，手上套的，脚上着的，都离不开纺织品。现代纺织品有三大应用领域：服装用、装饰用和产业用。产业用纺织品几乎涉及工业、农业、交通运输、医疗卫生、军事国防等所有部门（图1-13为降落伞）。众多的纺织品区

以门类则是：织物、针织物、纱线绳带、巾被毯帕、非织造布和特种纺织品。织物按其所用原料区分，有棉布、绸缎、呢绒、麻布等。针织物有汗衫、套衫、手套、袜子、驼绒等。巾被毯帕包括毛巾、被单、毯子、花边、手帕、台布等，大部分是特殊规格的织物，一部分则是针织物。纱线绳带大多是供成衣、织造或其他工农生产所用的纺织品。非织造布是将纤维均匀铺层，用黏结、针刺或缝合方法制成的片状产品。毛毡就是最古老的非织造物。特种纺织品是专供工农业生产、医疗或军用的。此外还有造纸毛毡、帆布、渔网、轮胎帘子布、筛网、过滤织物、电绝缘的玻璃布、三向织物等。这些纺织品种，以织物和针织物最为面广量大。20世纪末还开发了交织和针织结合制成的织编产品，又为纺织品增添了新的门类。

图1-13 降落伞
Parachute

1.3.2 纺织原料

纺织使用的原料，早先都取自动物或植物，如棉花、蚕丝、羊毛、麻；少量取自矿物。这些合起来称为天然纤维。到19世纪末20世纪初，陆续出现了人工制的

化学纤维。利用天然纤维素制成浆液，再固化成纤维的叫人造纤维，如黏胶纤维；利用非纤维素的低相对分子质量原料，用合成方法制成高分子物，再拉成纤维的叫合成纤维。化学纤维有长丝和切段两种形式。目前世界合成纤维总量中，涤纶、锦纶、腈纶三大品种占90%以上。其中涤纶一种，就占40%左右。发展化学纤维是解决人们穿衣问题的重要途径，是当代世界各国发展纺织工业原料的共同趋势。

1.3.3　加工工艺

天然纤维都要经过初步加工，如棉花要轧去棉籽，蚕茧要拣选，羊毛要洗去砂土油脂，生麻要经脱胶。切段化学纤维和经过初步加工的天然纤维大都经过纺纱过程制成细、匀而长的纱线。蚕丝和化学纤维长丝有的经过加捻，有的则直接供应织造。纱线或长丝通过经纬交织、针织或两者结合的织编三种形式的织造过程，就成为片状的织物、针织物或织编产品。部分针织物可以直接成形，如手套和袜子。纺织产品经过染整加工，就具有了悦目的色彩、舒适的手感和其他合用性能，可以投放市场或者供缝制服装等成品了。

1.4　纺织科学的特点和原理体系

1.4.1　纺织科学的特点和难点

纺织作为一门技术科学，研究的对象是纤维集合体和加工中所使用的机械（物理、力学的）及化学方法。集合体中的纤维，形成离散度很大的分布。这种特性又往往与周围环境（如气温、湿度）有密切关系。因此纺织作为一门应用科学，并不能简单地搬用基础学科的成果。例如应用流体力学分析气流纺纱（转杯纺纱）输送管与气流杯内的纤维流动就远比航空中的各种流体动力学分析复杂得多。纺纱规律带有统计学性质，使描述带有某种不确定性。这一点有些和气象学相似。

1.4.2　纺织的原理

尽管如此，纺织生产中还是存在着人们已经认识的规律体系。把纤维原料加工成为衣装等用品，要满足质、色、文（纹）、形四方面的要求。质决定于材料和制品的物理、力学性，体现耐用和实用性。纺和织主要解决纤维的"取向"，即轴向排列问题，达到耐用的基本要求。色靠染；文可通过织造构图，印花或刺绣；形是款式；都要靠艺术加工。整理则要改变纤维的表面和内部结构，主要达到美观的要求，也提高产品某些方面的性能。

1.4.2.1　纺纱

纺纱是完成纤维沿轴取向的过程。在纺纱之前，纤维原料经过初步加工，去除了杂质，但内部各根纤维相互间存在着一定的横向（左右并列）联系。如在棉花、羊毛、麻等纤维中尚有小范围的成束、成丛的状态，蚕茧中的丝成"8"字形环状。纺成纱线之后，纤维必须尽可能伸直平行，而且大体上沿纱线轴线取向，并且首尾衔接形成纵向联系。经、纬两组纱线构成织物后，纤维就分别按织物的长度和宽度两个方向取向，也就是"纵横取向"。针织通过纱线的成圈串套过程，使其中的纤维也形成"纵横取向"，只不过是由同一组纱线形成的。织造除了取向之外，同时还带有艺术加工（织花）的因素。

不管是古代原始方法，还是现代机械化方法，纺纱都要经过破除纤维集合体原有的局部横向联系（称为"松解"），以及建立新的沿轴取向的纵向联系（称为"集合"）的过程。松解是集合的基础和前提，到现在为止，松解和集合都不是一次完成的。现代纺纱分为开松、梳理、牵伸、加捻四步。

（1）开松

开松是将大的纤维块扯散成小块或小束。于是，横向联系的规模和范围缩小了。为此后进一步松解到单根状态创造条件。广义来说，麻的脱胶也是一种开松。

（2）梳理

梳理是在西欧发展起来的近代松解技术。梳理是将纤维小块或小束松解成单根状态，破除纤维间的横向联系，但还不能完全消灭，因为梳理是由大量梳针进行的，梳理后，纤维头尾大都呈弯钩状。所以，一根纤维内部两端之间仍存在着横向联系，而且纤维还有若干屈曲，各小段间还存在着某种横向联系。梳理后，纤维群已形成网状，再收成条子，便形成纤维间沿轴取向的纵向联系。

（3）牵伸

牵伸是将梳理后带有弯钩状，卷曲的纤维所构成的集合体抽长拉细，使其中纤维伸直，弯钩消失，同时使集合体达到预定的粗细。在牵伸过程中，纤维被一根根地从其周围纤维群中逐步抽引，靠互相摩擦作用使弯钩逐步消失，使卷曲逐步伸直。这样残存于纤维间的横向联系才有可能被彻底破除，为建立有规律地首尾衔接的纵向联系创造条件。

（4）加捻

加捻是利用回转运动使纤维构成的细条绕自身轴心扭转加上捻回，借纤维相互摩擦，和外层纤维段在绕轴心回转而受到拉伸时，对内层纤维段的压力，把纱条内

纤维间的纵向联系固定下来。

以上所述便是纺纱的本质过程。缫丝是通过顺序舒解蚕茧中的丝缕（松解）和使若干根茧丝抱合起来（集合）卷绕成绞的过程。绩麻是用手指分劈麻缕（松解），然后逐根首尾捻接（集合）成纱。现代气流（转杯）纺纱先经过纺的过程制成条子，然后用刺辊梳理或用超大牵伸机构拉散（松解）成单纤维，输入气流杯内再并合加捻（集合）成纱。自捻纺和喷气纺则是利用假捻或包缠以完成集合，但喂入的条子都必须事先经过一系列松解和集合的成条过程。

总括起来，开松是初步的松解；梳理是松解的基本完成，同时又是初步的集合；牵伸是松解的最后完成，同时基本上达到集合；加捻是最后巩固集合。这个过程可以用图 1-14 表示。

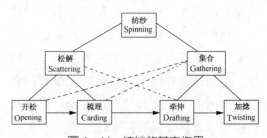

图 1-14 纺纱的基本作用
Fundamental Operations of Spinning

上述作用是迄今为止一切纺纱方法的基本作用。纺纱并不仅限于这些作用，还有清洁（去杂）、精梳（去短、去杂）、并合等匀净作用，都有助于提高产品的质量，但对能否成纱并无决定性影响，所以是辅助的作用。

还有一种作用是卷绕，包括成卷、装筒、绕管、络筒、摇绞等，是为了使前、后道工序相互衔接，借以解决生产过程连续性与工序间断性的矛盾。卷绕对能否成

纱或者成纱的质量也没有直接的关系。当前、后两工序直接连接时，其间的卷绕就可以省略。但在连续化还暂时做不到时，卷绕仍是必不可少的插入过程。

1.4.2.2 织造

织造包括机织、针织和编织，是通过经纬交织或串套建立纱线行间或列间的横向联系，从而在纱线沿轴取向的基础上发展稳定的纵横取向结构的过程。这也不是一步完成的。以机织为例，要经过准备和交织两步，具体又可分为整经、穿经、开口、引纬、打纬五小步。

（1）整经

整经是在各根经纱之间建立局部固定的横向联系的过程。通过整经，各根经纱的首尾已经排齐，限制经纱前后方向（沿 Z 轴）相对运动的自由。但在上下（沿 Y 轴）左右（沿 X 轴）方向上，仍有一定的相对运动的自由。

（2）穿经

穿经是更进一步使经纱在排列的次序、宽度和密度方面暂时地、局部地固定下来。综（筘）附近的经纱段在左右方向上失去了相对运动的自由，只保留某些上下运动的自由。

（3）开口

开口是通过各组经纱在上下方向暂时相对运动，为确立全体经纱在左右方向上完全固定的横向联系准备条件，同时还把上一根纬纱与以前的纬纱在前后方向上的横向联系完全固定下来。

（4）引纬

引纬是在梭口中穿入纬纱，使经纱有可能在左右方向上固定横向联系。

（5）打纬

打纬是把纬纱打入其应处的位置，为

消灭纬纱在前后方向上微小活动的自由创造条件。通过下一次开口，把这种可能变成现实。开口、引纬和打纬互相配合，周而复始，相辅相成。

总括起来，先建立经纱局部固定的横向联系，开始在前后方向上，然后在左右方向上；接着建立经纱和纬纱完全固定的联系：先为经纱左右方向完全固定作准备，再为纬纱前后方向完全固定作准备，最后实现两个方向上的固定，从而形成织物稳定的纵横取向的结构。这个过程可以用图 1-15 表示。

图 1-15　机织的基本作用
Fundamental Operations of Weaving

上述是机织的基本的或主要的作用。此外，在现代织造中，还有自动换梭、补纤、浆纱、送经、卷取等都是为了便于生产进行或是提高产品质量的，而对能否形成织物不产生决定性的影响，所以是辅助的作用。

准备中的络纱（络筒和卷纬）则只是便于生产连续进行的插入过程。采用无梭织机便可以免去卷纬的工序。

针织是先将纱线喂入，垫放到织针之上，弯成线圈，然后串套起来形成针织物。最后将针织物引出并卷绕。给纱、成圈（串套）和引出是三个主要运动。针织物靠同一根纱线同时形成纵向和横向联系，所以结构不稳定。纵向拉伸时，横向会缩小。但正因为能朝各方面拉伸，才使针织服装贴身。针织物在织造中只要改变横列内线圈数目和串联方法，就能随时改变幅宽。这就为在针织机上直接织成贴合人体外形的成件产品（如手套和袜子）创造了条件。

1.4.2.3 染整

染整包括许多种对纺织材料（纤维、条子、纱线、织物）进行物理的或化学的处理过程。这些过程可以并为预处理、染色、印花和整理四类。

（1）预处理

预处理通常采用化学方法去掉纤维表面的附着物质，从而使其表面洁净，出现本色光泽，既改善外观又便于后续加工。

（2）染色

染色是采用物理和化学结合的方法使纺织材料全面上色，以适应美观的要求。纤维、条子、纱线和匹料都可以染色。

（3）印花

印花是采用特殊手段在纺织材料上按事先设定的布局部分上色，以美化织物外观。纤维条、纱线和匹料均可印花。

（4）整理

整理包括湿整理和干整理，以及新近发展起来的特种整理（防缩、防皱、防蛀、防燃和防水等），目的是赋予纺织材料以形态效果（如光洁、绒面、挺括）和实用效果（如不透水、不毡缩、免烫、不蛀、耐燃烧）。

总括起来，染整是赋予纺织材料色彩或形态、实用效果的加工过程。色彩效果包括去色和上色。练漂可以去除原附的杂色，上色又分为全部和局部：全部上色属染色，局部上色则属印花。产品的外观形态、特殊表面性质和手感，除取决于所用原料和产品结构外，还依靠整理加工大大改善。染整工艺过程可以用图1-16表示。

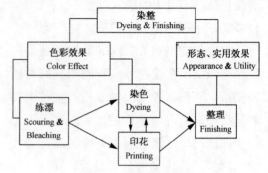

图1-16 染整的作用
Operations of Dyeing and Finishing

染整加工就其本质来说是属于"锦上添花"的**辅助**作用。如果只要求耐用性，那么，有时织物不经染整也可用作衣料等用品。

衣物上的构图和衣服的造型，通过手画、色织、刺绣和裁缝，本来都是人的手工艺术操作，现在大部分已可以机械化，甚至电脑化。

1.4.2.4 化学纤维生产

以合成纤维为例，合成高分子物的黏稠液通过带有无数微孔的喷丝头射出细丝状的纤维，这也是一种松解过程。以后再经拉伸以提高丝内大分子的沿轴取向程度，然后经过定形和卷绕成为长丝束。长丝束可以用牵切法直接制成条子（纺丝直接成条），也可以经过切断作为梳理的喂入原料。集合成纱是必经的后续工序。所以合成纤维纺丝同样经过松解和集合的过程。

1.4.2.5 服装工业化生产

服装工业化生产的工艺流程：产品计划→选定设计→样品制作→工业化样衣制作→纸样扩号（尺寸放大与缩小）→裁剪

→缝制→整烫→检验→成品。

1.4.3 纺织的学科分支

20世纪50年代以来，纺织科学有了重大的发展。核心内容方面，在纤维科学和高分子化学的基础上，形成了纺织材料学；在力学和机械学等的基础上，形成了纤维材料机械工艺学；在化学和纤维科学等的基础上，形成了纤维材料化学工艺学；在美学、几何学和生理学等的基础上，纺织品设计的内容愈加丰富。在边缘内容方面，许多基础科学和其他技术科学等与纺织实践紧密结合，形成了一些新的学科分支和发展方向，如：历史学和经济学等应用于纺织发展研究形成纺织史，数学中的数理统计、运筹学和优化理论已广泛应用于纺织技术和生产；物理学和技术物理应用于纺织，促进了纺织仪器、纺织检测技术和自动控制技术的发展；化学和生物工程应用于纺织，形成了染料和助剂化学，并促进了脱胶、制丝和浆料化学工艺和生化工艺的发展；机械学、电子学等应用于纺织，形成纺织机械设计原理、纺织机械制造、纺织机械自动化等；环境科学等应用于纺织，与各种纺织工艺学相结合，完善了纺织工厂设计，纺织工厂空气调节和纺织工厂环境治理等；管理科学应用于纺织，正在形成纺织工业管理工程等。按照工程对象，由于化学纤维的大量利用，原来棉、毛、丝、麻各类工艺学都在不断变化，逐步形成棉型、毛型、丝型、麻型等纺织工艺学，都各自有特殊的纤维初步加工、纺缍、织造、染整、产品设计等一系列工艺原理和工艺技术。尽管相互间有许多共同之处，但各自的特性使它们正在形成很不相同的四个独立分支学科。还有一个介于艺术、轻工和纺织之间的新型边缘领域——服装学正在形成之中。纺织学科各分支成熟的程度各不相同。它们的内涵和外延在不断发展变化之中，有的内容彼此交叉、互相渗透。

2 通 史

纺织通史包括三个部分：中国纺织史、世界纺织史以及纺织技术发展规律和趋向。其中，中国纺织史除了介绍纺织生产在中国的产生和发展及纺织生产的现状之外，还简单地描绘了纺织生产今后的发展前景及未来的纺织工厂。

2.1 中国纺织史

中国是世界上最早生产纺织品的国家之一。早在原始社会，人们已经采集野生的葛、麻、蚕丝等，并且利用猎获的鸟兽毛羽，搓、绩、编、织成为粗陋的衣服，以取代蔽体的草叶和兽皮。原始社会后期，随着农牧业的发展，逐步学会了种麻索缕、养羊取毛和育蚕抽丝等人工生产纺织原料的方法，图2-1所示商代玉蛹便是当时的人们普及养蚕的证据。那时人们还利用了较多的工具。有的工具已是由若干零件组成，有的则是一个零件有几种用途，使劳动生产率有了较大的提高。那时的纺织品已出现花纹，并施以色彩。但是所有的工具都由人手直接赋予动作，因此称为原始手工纺织。

夏代以后直到春秋战国，纺织生产无论在数量上还是在质量上都有很大的发展，原料培育质量进一步提高，纺织组合工具经过长期改进演变成原始的缫车、纺车、织机等手工纺织机器。劳动生产率大幅度提高，有一部分纺织品生产者逐渐专业化，因此，手艺日益精湛，缫、纺、织、染工艺逐步配套。纺织品则大量成为交易物品，有时甚至成为交换的媒介，起货币的作用。产品规格也逐步有了从粗陋到细致的标准。商、周两代，丝织技术突出发展。到春秋战国，丝织物已经十分精美。多样化的织纹加上丰富的色彩，使丝织物成为远近闻名的高贵衣料，中国由此被西方人称为"丝国（Serice）"。这是手工机器纺织从萌芽到形成的阶段。

秦汉到清末，蚕丝一直作为中国的特产闻名于世。大宗纺织原料几经更迭：从汉到唐，葛逐步为麻所取代；宋至明，麻又为棉所取代。这个时期里，手工纺织机器逐步发展提高，出现了多种形式：如缫车、纺车由手摇单锭式发展到多种复锭（每台3～5锭）脚踏式，织机形成了素机和花机两大类，花机又发展出多综多蹑（踏板）和束综（经线个别牵吊）两种型式。宋代以后，纺车出现适应集体化作坊生产的多锭式。在部分地区，还出现利用自然动力的"水转大纺车"。纺、织、染、整工

图2-1 商代玉蛹
Jade Silkworm Chrysalis（the Shang Dynasty）

艺日趋成熟。织品花色繁多，现在所知的主要织物组织（平纹、斜纹和缎纹）到宋代已经全部出现。丝织物不但一直保持高档品的地位，而且还不断出现以观赏为主的工艺美术织品。元、明两代，棉纺织技术发展迅速，人民日常衣着由麻布逐步改用棉布。这是手工机器纺织的发展阶段。

18世纪后半叶，西欧在手工纺织的基础上发展了动力机器纺织，逐步形成了集体化大生产的纺织工厂体系，并且推广到了其他行业，使社会生产力有了很大的提高。西欧国家把机器生产的"洋纱""洋布"大量倾销到中国来，猛烈地冲击了中国的手工纺织业。中国在鸦片战争失败后，从1870年开始引进欧洲纺织技术，开办近代大型纺织工厂，从此形成了少数大城市集中性纺织大生产和广大农村中分散性手工机器纺织生产长期并存的局面。但是工厂化纺织生产发展缓慢，截至1949年，占主导地位的棉纺织生产规模还只有500万锭左右。这是大工业化纺织的形成阶段。

中华人民共和国成立后，纺织生产迅速发展。棉纺织规模迅速扩大，毛、麻、丝纺织也有相应的发展。纺织技术也有提高，已能制造全套纺织染整机器设备。化学纤维生产也迅速发展起来。但是人均水平，就数量最大的棉纺织生产能力来说，还仅达世界平均数，远远低于工业发达的国家。

2.1.1 原始手工纺织

从远古到公元前22世纪属于原始手工纺织阶段。人类进入渔猎社会后即已学会搓绳子，这是纺纱的前奏。山西大同许家窑10万年前文化遗址出土了1 000多个大小均匀的石球，是用于做"投石索"的。投石索是用绳索做成网兜，在狩猎时可以投掷石球打击野兽。可以推断，那时人们

已经学会使用绳索了。绳索最初由整根植物茎条制成。后来发现了劈搓技术，也就是将植物茎皮劈细（即松解）为缕，再用许多缕搓合（即集合）在一起，利用扭转（加捻）以后各缕之间的摩擦力接成很长的绳索。为了加大绳索的强力，后来还学会用几股捻合。浙江河姆渡公元前4900年的遗址出土的绳子（图2-2），就是两股合成的。其中纤维束经过分劈，单股加有S向捻回，合股则加有Z向捻回，直径达1厘米。

图2-2　河姆渡出土绳子
Ropes Unearthed in Hemudu（4900 B. C.）

人类为了御寒，最初直接利用草叶和兽皮蔽体，由此发展编结、裁切、缝缀的技术。连缀草叶要用绳子；缝缀兽皮起初先用锥子钻孔，再穿入细绳，后来演化出针线缝合的技术。在北京周口店旧石器时代遗物中，发现了石锥。山顶洞人遗物中存有公元前1.6万年的骨针。骨针是引纬器的前身，是最原始的织具（图2-3）。

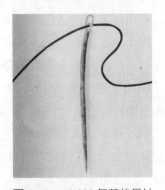

图2-3　18 000年前的骨针
Bone Needle（16000 B. C.）

随着骨针的使用，古代的中国人开始制作缝纫线。人们根据搓绳的经验，创造出绩和纺的技术。图2-4为骨梭，也是原始织具。

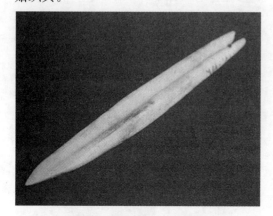

图2-4　新石器时代的骨梭
Bone Shuttle Neolithic Age

绩是先将植物茎皮劈成极细长缕，然后逐根捻接。这是高度技巧的手艺，所以后来人们把工作的成就叫做"成绩"。动物毛羽和丝本身是很细长的纤维，用不着劈细，但要使各根分散开，这叫做松解。后来人们发现用弓弦振荡可使毛羽松解，用热水浸泡可从茧中抽出丝纤维。河姆渡出土的一只象牙盅，其四周刻有类似蚕的虫形纹（《中国丝绸史》），证明当时人们除了利用植物茎皮外，已经认识到野蚕丝的重要性。先把纤维松解，再把多根捻合成纱，称为纺。开始是用手搓合，后来人们发现，利用回转体的惯性来给纤维做成的长条（须条）加上捻回，比用手搓捻又快又均匀。这种回转体由石片或陶片做成扁圆形，称为纺轮（图2-5），中间插一短杆，称为锭杆或专杆，用以卷绕捻制纱线。纺轮和专杆合起来称为纺专。古典中的"生女弄瓦"，就是指女孩子从小要用纺专学纺纱。旧石器时代晚期出土文物中已出现纺轮。在全国各省市新石器时代遗址

中，几乎都有大量的纺轮出土，其中最早的是河北磁山（公元前5300年），稍后为河姆渡（公元前4900年）。证明那时用纺专纺纱在中国已经很普及了。纺专纺纱在少数民族中，一直沿用至今（图2-6）。

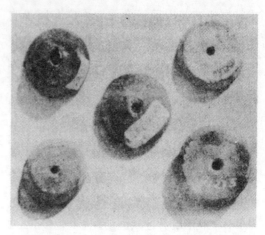

图2-5　钱山漾出土的纺轮
Spindle Whorls (4700 B.C.)

图2-6　黎族纺专纺纱
Spinning with a Spindle Whorl (Li Nationality)

织造技术是从制作渔猎用编结品网罟和铺垫用编制品筐席演变而来。《易·系辞（下）》记载了传说中的伏羲氏"作结

绳而为网罟，以佃以渔"。出土的新石器时代陶器上有许多印有编制物的印痕。河姆渡遗址出土有精细的芦席残片。陕西半坡村公元前4000年的遗址中出土的陶器底部已有编织物的印痕（图2-7）。

图2-8　综版织机示意
Card Loom in Working

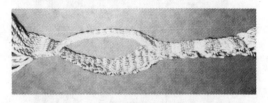

图2-9　综版织机织成的双层织物
Two-layer Fabric Woven by Card Loom

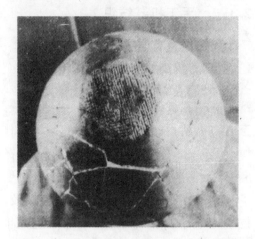

图2-7　陕西半坡村出土陶器底部织物印痕
Woven Cloth Stamped on Pottery Vessel
(4000 B.C.)

最原始的织不用工具，而是"手经指挂"，完全徒手排好直的经纱，然后一根隔一根挑起经纱穿入横的纬纱。织物的长度和宽度都极其有限。人们在实践中逐步学会使用工具，最早可能是用综版织造。综版是方形、三角形或椭圆形的片状物，上有2个或4个孔，用以穿入经纱。综版转一定角度，使经纱形成开口，即可引入纬纱织布（图2-8），但是，综版织品门幅的狭小（图2-9）①，就出现了综杆织。先在单数和双数经纱之间穿入一根棒，称为分绞棒。在棒的上下两层经纱之间便形成一个可以穿入纬纱的"织口"。再用一根棒，从上层经纱的上面用线垂直穿过上层经纱而把下层经纱一根根牵吊起来。这

样，把棒向上一提，便可把下层经纱一起吊到上层经纱的上面，从而形成一个新的"织口"，穿入另外一根纬纱，从而免去了逐根挑起经纱的麻烦。这根棒就称为综杆（木制）或综竿（竹制）。"综合"一词即来源于此。纬纱穿入织口后，还要用木刀打紧定位。经纱的一端，有的缚在树上或柱子上，有的则绕在木板上，用双脚顶住。另一端连织好的织物则卷在木棒上，棒两端缚于人的腰间。这就是原始腰机。河姆渡遗址出土了木刀、分绞棒、卷布棍等原始腰机零件，造型和现在保存在少数民族中的古法织机零件甚为相似。图2-10所示为云南出土的储贝器上的原始腰机织布群像，图2-11为清代佤族所沿用的原始腰机。

---

① 综版织机在实用上，可以织出管形的和双层的织物等等，图2-9为博士生鸟丸知子所作样品。

图2-10 云南出土的储贝器上有织布群像
Weaving Figures on a Bronze Vessel

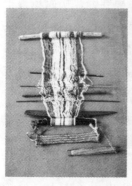

图2-11 清代佤族织机
Breast Loom of Wa Nationality（the Qing Dynasty）

新石器时代遗址青海柳湾出土有朱砂，山西西阴村出土有研磨颜料的石臼、石杵，陕西姜寨出土有彩绘工具，说明当时的衣料也会像用器一样着有色彩，绘有花纹。

现存新石器时代的纺织品有江苏吴县草鞋山公元前3600年的原始绞纱葛织物，

浙江吴兴钱山漾公元前2700年的绢片（经、纬密度为52根/厘米×48根/厘米，由长丝织成）、丝带和麻布，河南郑州青台出土公元前3500年的浅绛色丝罗等（见彩图）。

2.1.2 手工机器纺织
2.1.2.1 发展历程

据传说，中国从夏代起纺织品已成为交易物品，出现了纺织生产发达的中心城镇，形成了以纺织生产为业的专业氏族。至迟在周代，已有了官办的手工纺织作坊，而且内部分工已日趋细密。大麻、苎麻和葛已成为主要的植物纤维原料，发明了沤麻（浸渍脱胶）和煮葛（热溶脱胶）技术。周代的栽桑、育蚕、缫丝已达到很高的水平，束丝（绕成大绞的丝）成了规格化的流通物品。在商代遗址已发现织有几何花纹和采用强捻丝线的丝织品；周代遗物则已有提花花纹；春秋战国丝织物品种已发现有绢、纱、纺、绉纱、缟、纨、罗、绮、锦等，有的还加上刺绣。青海诺木洪和新疆许多地方出土彩色的毛织物，其年代不晚于西周初。在这些纺织产品中，锦和绣已非常精美。所以"锦绣"成为美好事物的形容词。

从出土织品推断，最晚到春秋战国，缫车、纺车、脚踏斜织机等手工机器和腰机挑花以及多种提花方法均已出现。丝、麻脱胶、精练，矿物、植物染料染色等已有文字记载。染色方法有涂染、揉染、浸染、媒染等。人们已掌握了使用不同媒染剂，用同一染料染出不同色彩的技术，色谱齐全，还用五色雉的羽毛作为染色的色彩标样（《中国染整史》）。布、帛从周代起已规定标准幅宽2.2尺，合今0.508米；匹长4丈，合今9.24米。每匹可裁制一件上衣与下裳相连的当时服装"深衣"。并且规定，不符合标准的产品不得出售。这是世界上最早的纺织标准。

秦汉时，中国丝、麻、毛纺织技术都达到很高的水平。缫车、纺车、络纱、整经工具以及脚踏斜织机等手工纺织机器已经广泛采用，多综多蹑（踏板）织机也已相当完善，束综提花机也已产生，已能织出大型花纹。多色套板印花也已出现。湖南长沙马王堆汉墓出土纺织品是当时纺织水平的物证。由隋唐到宋织物组织由变化斜纹演变出缎纹，使"三原组织"（平纹、斜纹、缎纹）趋向完整。束综提花方法和多综多蹑机构相结合，逐步推广，纬线显花的织物大量涌现。人们日常衣着广泛使用麻织物，葛已趋于淘汰。

南宋后期，一年生棉花在内地的种植技术有了突破，棉花在全国广大地区逐渐普及。棉纺织生产突出发展，到明代已超过麻纺织而占据主导地位。宋代还出现适用于工场手工业的麻纺大纺车和水转大纺车，说明那时城镇纺织工场已很兴盛。工艺美术织物，如南宋的缂丝、元代的织金锦、明代的绒织物等，精品层出不穷。多锭大纺车，束综与多综多蹑结合的花本提花机，以及清代出现的多锭纺纱车，证明手工纺织机器发展到了一个高峰。

中国以外的世界上，除紧邻中国的朝鲜、日本、波斯（今伊朗）和若干中亚、南亚国家较早引用中国式的手工纺织机器外，埃及曾使用亚麻纺车，印度曾使用棉纺车。脚踏提综的织机到公元1200年前后才在欧洲普及使用。至于用水力驱动纺车，在欧洲是19世纪70年代以后的事。

2.1.2.2 纺车的由来和发展

纺专加捻是间歇进行的：加捻一段纱，停下来将纱绕到锭杆上，再捻一段，再绕到锭杆上……如此反复，生产效率低，纱上每个片断的捻回数也不均匀。后来演变出纺车，纺专横着支于架上，另有大绳轮，用绳索和纺专上的纺轮套连在一起。这样，手摇绳轮一周，锭子可以转几十周，右手摇，左手纺。左手在锭杆轴向时，就是加捻，左手移到锭杆旁侧时，便可绕纱。这样，锭子回转便连续不断了。每段纱上所加的捻回数也可轻易地由人加以控制。于是，产品（纱）的质量和劳动生产率都得到了提高。临沂金雀山西汉（公元前202年—公元9年）帛画上有手摇纺车的图像。图2-12为单锭手摇纺车。

图2-12a 手摇纺车
Hand Spinning Wheel

图2-12b 手摇单锭纺车
Mono-spindle Spinning Wheel

人们为了进一步提高劳动生产率，在一架纺车上装2~3个锭子，只有技艺高超的人，才能做到熟练运用。于是人们总想让两手同时用于纺纱,转动锭子只能用脚操作了。脚踏复锭(3~5只锭子)纺车遂被发明出来,劳动生产率比单锭提高了2~4倍。东汉(公元25年—220年)画像石上有类似脚踏纺车的图像(图2-13为宋人临摹东晋画家顾恺之所画的三锭脚踏纺车,这表明这种纺车的发明不会晚于东晋)。脚踏纺车由于加捻和卷绕是由同一个零件(锭子)承担,两个动作必须交替进行。如果分开由两个机构分别承担,那么两个动作便可同时进行,每锭生产率还可提高一倍。元代文献记载的多锭水转大纺车(图2-14,图2-15)采用退绕加捻法:下面锭子回转让纱线退绕出来同时加

上捻回,上面由纱框卷绕,做到了加捻和卷绕同时进行。这种纺车没有将纤维抽长拉细的牵伸机构,所以实质上还只是用以加捻或者合股后加捻的捻线机。起初用于捻麻线,后来被移用于捻丝线。

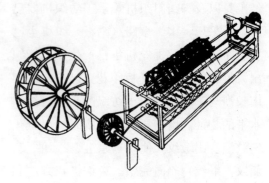

图2-15 水转大纺车复原
A Recover Sketch of a Grand Spinning Wheel
Driven by Stream Water

清代的多锭纺纱车在竖锭上装有竹筒(锭杯),内放经过开松的纤维卷,从中抽出头来,锭子一回转便被加捻成纱。这段纱向上通过纱支控制器绕到上方纱框上去。纱框和锭子同时由大绳轮传动。这样一来,纺纱便可自动连续地进行,人手只需用来接续断了的纱头,往竹筒中添加纤维卷和落下绕满了的纱框。但这种纺车还要靠手摇(图2-16)。

图2-13 宋人临摹脚踏三锭纺车
Three-spindle Spinning Wheel Painted
by an Artist of the Song Dynasty

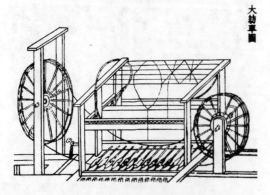

图2-14 元代多锭大纺车
Grand Spinning Wheel of the
Yuan Dynasty with 32 Spindles

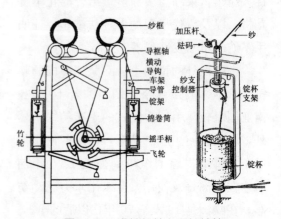

图2-16 多锭纺纱车和纺纱头
Multi-spindle Spinning Frame with Spinning Heads

2.1.2.3 织机的发展

由出土纺织品和历史文献推断，春秋战国时期，在原始腰机的基础上，使用了机架、综框、辘轳和踏板，形成了脚踏提综的斜织机（图 2-17，图 2-18）。织工的双手被解脱出来，用于引纬和打纬，从而促进了引纬和打纬工具的革新。

图 2-17 江苏铜山出土汉画像石上的斜织机
Carved Stone Unearthed in Jiangsu Province Showing an Inclined Loom

图 2-18 斜织机
Inclined Loom

最初，人们把纬纱绕在两端有凹口的木板上，这便是纡子的雏形。后来索性把纡子装在打纬木刀上，构成一体的"刀杼"（图 2-19）。这样，打纬时已自然地将纬纱送过了半个织口，大大提高了引纬的速度。

再后，人们发现将刀杼抛掷穿过织口比递送过织口快得多，遂逐渐发明出纡子外套两头尖木壳的梭子。这个过程，大约发生在公元前 2—1 世纪。但原来刀杼是肩负引纬和打纬双重任务的，改为梭子后，不能再兼打纬了，定幅筘便演变成打纬筘。定幅筘是在木框中密排梳齿，让经纱一根根在齿间穿过，以达到经纱在幅宽方向的定位，保证织物一定的幅宽。为了织出花纹，综框的数目增加了，两片综框只能织平纹组织，3~4 片综只能织到斜纹组织，5 片以上的综才能织出缎纹组织。至于织复杂的花，则必须把经纱分成更多的组，因而多综多蹑花机逐渐形成（图 2-20）。

图 2-19 刀杼
Weft Inserting and Beating Instrument Daozhu
（Knife with a Cop）

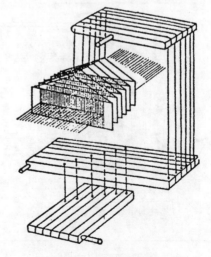

图 2-20 多综多蹑机示意
Multi-harness Multi-pedal Pattern Loom

西汉时最复杂织花机上的综、蹑数达到120。由于蹑排列密集，为了方便，遂有"丁桥法"（图2-21）：每蹑上钉一竹钉，使邻近各蹑的竹钉位置错开，以便脚踏。即凸钉不是横向（沿 x 轴）排成一列，而是向蹑的长度方向（沿 y 轴）分开成4列：第一列在第1，5，9……根蹑上；第二列在第2，6，10……根蹑上；第三列在第3，7，11……根蹑上；第四列在第4，8，12……根蹑上。一维（x 轴方向）线性分布变成二维（x-y）平面分布。三国时马钧发明了两蹑合控一综的"组合提综法"（图2-22），用12条蹑可控制60多片综的分别运动。这是利用数学组合法，从12中任意取2，可得66种组合。也可能是马钧留下12条蹑织地组织，另外用"花本"织花（参见第4页）。由于综框数量受空间地位限制，织花范围还不能很大，于是起源于战国至秦汉的束综提花获得推广。其法不用综框，而用线个别牵吊经纱，然后按提经需要另外用线串起来，拉线便牵吊起相应的一组经纱，形成一个织口。这样，经纱便可以分为几百组到上千组，由几百到千余条线来控制。这些线便构成"花本"。用现代术语讲，就是开口的"程序"。这时织工只管引纬打纬，另有一挽花工坐在机顶按既定顺序依次拉线提经，花纹就可以织得很大。图2-23和图2-24所示为流传至今的两种束综提花织机。唐代以后随着重型打纬机构的出现和多色大花的需要，纬显花的织法逐步占据优势。多综多蹑和束综提花相结合，使织物花纹更加丰富多彩。

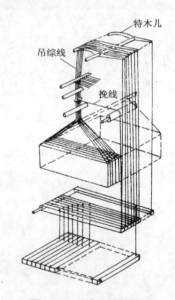

图2-22　组合提综示意
A Sketch of Combinatorial Harness Lifting

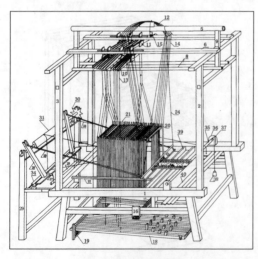

图2-21　丁桥织机
Dingqiao (Multi-pegged Pedals) Pattern Loom

图2-23　近代南京织缎机
Modern Satin Loom in Nanjing

图 2-24　18 世纪末四川蜀锦机
Shujing Loom for Weaving Si-Chuan Brocade
at the End of 18th Century

2.1.2.4　显花技术的发展

中国六朝以前的提花织物，大多以彩色经线显出花纹，花形可以大到横贯全幅，但纬线循环则较少，呈横阔的长方形。用彩色纬线显出花纹的方法在秦以前已经出现。汉代的"织成"和缂毛是运用彩纬在地经地纬上来回织出花纹，称作回纬织法。到唐代，"织成"和缂毛技法相结合，遂出现了只有彩纬往复而省去通纬，使花纹像刻出来一般的"缂丝"，以用于复制书画。唐中期以后，用通幅彩纬显出花纹的织法逐渐推广。此后还发展出显示无级层次彩色条纹的"晕绸"织法。回纬织法的织成后来又发展成为妆花缎，以缎纹起花织入回纬，夹入金银线，使织品富丽堂皇。

以绒面显花的花绒，出土最早的首推马王堆汉墓的绒圈锦，以后见于记载的有宋代绒锦和元代建绒，再后演变出漳绒。建绒和漳绒，都以经线起绒显花。东汉之前，西北少数民族已用纬线起绒法织造带花地毯。西藏的藏被也用纬线起绒法。出土的宋代棉毯已运用起毛（拉绒）技术，

把纬绒的绒毛拉出，覆盖全幅。

2.1.2.5　染整技术的发展

秦汉以后染色技术有了进一步的发展，但染色工具则一直停留在手工工具的水平。西汉已开始用化学方法制取朱砂、胡粉，植物染料品种也逐渐有了发展。到南北朝时，已有化学提纯方法的文字记载。

印花是依照事先设定布局，对纤维材料进行部分上色的工艺技术。最初人们用彩绘方法使衣服美观，后来发明了版印。起先利用凸纹方形印版，涂布色浆后一方一方像盖图章一样捺印。为了使接版处不留明显的痕迹，版上的花纹必须是"四方连续"的，即本版上边与上方邻版的下边、本版左边与左方邻版的右边的花纹相吻合，所以接版是高难度的操作。后来发明了印花木辊，它不像方版有上下左右四个边，而只有上下两个边，左右变成为循环连续的了。如果木辊长度略大于布幅，那么顺着经纱方向滚印，就没有接版的困难，劳动生产率大大提高。另外一种印版是镂空版，覆于织物上便可刷浆印花。这种印版和凸纹版一样，都是花纹上色、地部不上色。如果要使地部上色，花纹不上色，就要使花纹部位有拒色性能。中国古代就已发明防染印花技术，这就是"夹缬"。用两块花纹重合的镂空版将织物夹在中间，涂上防染剂，然后撤去印版，将织物投入染缸染色。染后去除防染剂，即得色地白花的织物。古代所用的防染剂有粉浆和蜂蜡等。苗族人民中流传着用古老方法生产精美的蜡防花布的技艺。凸纹版和镂空版后来多用于多色套印，使花纹绚丽多彩。还有一种无色印花，即只让花纹部位显出特殊光泽。这是利用镂空版刷上

碱剂来达到的。早在春秋战国之前已利用草木灰练漂。汉代已广泛使用砧杵工具以提高脱胶效率。宋代有用硫黄熏白，明代文献记载了猪胰用于练白，使用了酶脱胶的生物化学技术。

在表面处理和涂层技术方面，汉以前已有用碾石（图2-25）砑布，使表面光洁的方法。图2-26为唐代布帛整理工艺（彩图13）。漆布、油布用来蔽雨，汉以后一直沿用。薯莨块茎浸出液涂布织物上，用含铁河泥处理后，织物变得乌油晶亮而且挺括，可作夏服和水上作业衣料。出土

的有东晋薯莨整理过的麻布。传世的有香云纱，为南方特产。

图2-25　布帛砑光用的元宝石
Calendering Stones for Glazing Cloths

图2-26　布帛整理工艺图
Drawing of Ancient Textile Finishing Processes

2.1.2.6　历代主要纺织品

(1) 先秦纺织品（彩图15，彩图16）

从新石器时代到春秋战国时期的纺织品，由于年代久远，很难保存下来。考古工作者在古代遗址的考古发掘中，获得了珍贵的织物残片和黏附在器物上的织物痕迹。这为研究中国纺织科学技术的起源和发展提供了可靠的实物史料。

① 丝织品。1958年，浙江省吴兴钱山漾新石器时代（公元前2700年）遗址出土了丝帛（绢片）、丝带和丝绳。丝帛残片经纬密度各为48根/厘米，丝的捻向为Z；丝带宽5毫米，用16根粗细丝线交编而成，丝绳的投影宽度约为3毫米，是用3根丝束合股加捻而成，捻向为S，捻

度为3.5捻/厘米。1970年，河北藁城台西村商代中期遗址出土黏附在铜器上的丝织物残痕表明，当时已有平纹的纨、绉纹的縠、绞经的罗和3枚斜纹绮等。河南安阳殷墟妇好墓出土黏在铜器上的丝织品有五种：纱、纨类的有20余例，用朱砂涂染的有9例，双经双纬的缣有1例，回纹绮有1例。说明商代的丝织技术有较快的发展。

1955年，陕西省宝鸡茹家庄西周墓出土的铜剑柄上黏附有多层丝织品残痕。其中有在平纹地上起5枚纹的菱形花绮，经纬密度为34根/厘米和22根/厘米；有经线显花的纬二重组织的菱形丝织品，经密70根/厘米，纬密40根/厘米。1970年，

辽宁辽阳魏营子西周墓出土有丝织品20余层残片。其中有一块是经二重、三上一下斜纹组织的锦（图2-27），经密为52根/厘米，纬密为14根/厘米。这些实物说明西周的丝织提花技术已有进一步的发展。

图2-27 辽阳魏营子西周墓出土的经二重丝织物
Warp-double Silk of the West Zhou Dynasty Unearthed in Liaoyang

1957年，湖南省长沙左家塘楚墓中出土一叠丝织品。有深棕地、红黄色显花的菱纹锦，残长32.5厘米，宽23.3厘米，经密为138根/厘米，纬密为40根/厘米。褐地矩纹锦的残长为19.9厘米，宽8.2厘米，锦面上有墨书"女王氏"三字，经纬密度为80根/厘米和40根/厘米。褐地双色方格纹锦7块，最大的一块残长17厘米，宽11厘米，经纬密度为140根/厘米和60根/厘米。几何填花燕纹锦的残长为15.3厘米，宽4.5厘米，经纬密度为126根/厘米和48根/厘米。朱条暗花对龙对凤纹锦的残长为21厘米，宽23厘米，经纬密度为130根/厘米和44根/厘米。这批丝织品表明在战国时期纹样已从几何纹发展为动物纹，色彩配置也比较丰富，提花技术已相当进步。

1982年湖北江陵出土大量战国晚期丝织品。

② 麻（葛）织品。1977年冬，浙江余姚河姆度新石器时代（约公元前5000年）遗址出土苘麻的双股麻线和三股草绳，同时出土的还有纺专和织机零件。1972年，江苏吴县草鞋山新石器时代（公元前约3400年）遗址出土了罗纹葛布。经密为10根/厘米，纬密：地部为13～14根/厘米，有纹部为26～28根/厘米。它是最早的葛纤维织品（彩图1）。1958年，浙江吴兴钱山漾遗址与丝帛同时出土的还有几块苎麻布，都已炭化，经纬纱为S捻，经纬密度为24～31根/厘米和16～20根/厘米。

1973年，河北省藁城台西村商代遗址出土两块大麻布残片，经纬密度为14～20根/厘米和6～10根/厘米。1978年在崇安武夷山岩墓（公元前1400年）船棺内发现大麻和苎麻织物，大麻纱有S捻，也有Z捻，经纬密度为20～22根/厘米和15根/厘米。苎麻布残片的经纬密度为20～25根/厘米和15根/厘米。苎麻纱是Z捻，捻度为6捻/厘米。

西周时的麻织品在陕西宝鸡西周墓里出土有平纹麻布，经纬密度为20根/厘米和12根/厘米。到了东周，麻织品的精细程度有所提高。如江苏六合和仁东周墓出土的苎麻布，经纬密度为24根/厘米和20根/厘米，约合15升布[1]。湖南长沙早期楚墓出土的苎麻布，经纱投影宽度为0.3毫米，纬纱为0.45毫米，经纬密度分别为28根/厘米和24根/厘米，约合17.5升布。这种精细的苎麻布已和现代的细布接近。1979年，江西贵溪仙岩战国墓出土许

---

① 升是古代经密单位，全幅每80根经纱为1升，15升即全幅总经纱根数有1200根。

多麻织品。大麻和苎麻布有黄褐、深棕、浅棕三色。同墓还出土了纺织工具器物36件。实物说明，当时已有绕线框、齿耙式经具和斜织机等较先进的织具了。更珍贵的是几块印花织物，深棕色苎麻布上印有分布均匀的银白色块面纹。

③ 毛织品。1980年4月，新疆考古研究所在古代"丝绸之路"的罗布淖尔孔雀河古遗址发现了裹着古尸的最早的粗毛织品。1978年秋，在新疆哈密地区五堡遗址（公元前1200年）有精美的毛织品出土，有斜纹和平纹两种组织，还有首次发现的用色线织成彩条纹的斑罽。这说明当时哈密地区的毛纺织染技术已有很高水平。1957年，在青海柴达木盆地南部诺木洪遗址（公元前790年）发掘出5块黄褐两色相间排列的条纹罽，还有人字形编织毛带和双股、三股毛绳。条纹罽的经纬密度为13根/厘米和6根/厘米。比新疆五堡遗址的要粗糙得多。1977年，新疆吐鲁番阿拉沟战国墓出土了一大批毛织品，据鉴定，不仅大量使用羊毛，还用山羊毛和骆驼毛等作为毛纺原料。

④ 棉织品。1978年冬，福建崇安武夷山岩墓船棺内出土一块青灰色的棉布，经鉴定棉纤维是联核木棉纤维。经纬密度各为14根/厘米，经纱捻度为6.7捻/厘米，纬纱捻度为5.3捻/厘米，经纬纱的捻向为S。

(2) 汉、唐纺织品（彩图17～34）

自汉至唐纺织品在全国各地出土很多。其中湖南长沙马王堆汉墓出土的数量最多，品种最全，质量最高。其余大多是在古代"丝绸之路"沿线各地出土的，品种有丝织品、毛织品和棉、麻织品等。

① 丝织品。各地出土的丝织品数量大、品种多，组织复杂，花纹多样、色谱齐全。

a. 汉代丝织品。有锦、绮、罗等。

锦：1959年，新疆民丰尼雅遗址出土了多种东汉丝织品。其中以汉隶铭文为主的"万世如意"锦袍、"延年益寿大宜子孙"锦手套和阳字彩格锦袜等最有特色。1914年，英国人斯坦因在古楼兰东汉墓中发现了"韩仁"锦、"绣文丸者子孙无极"锦、"昌乐"锦、"长乐未央"锦、"延年益寿"锦、"登高明望四海"锦等许多残片。蒙古诺因乌拉匈奴墓出土了"新神灵广成寿万年"锦、"群鹊颂昌万岁宜子孙"锦、"游成君守如意"锦、"广山"锦等大块残片。前苏联米努斯辛克奥格拉赫提古墓出土了"益寿大"锦和"延年益寿"锦的残片，叙利亚帕尔米拉古墓发现汉字铭文锦。可见东汉时的汉隶铭文配合卷云纹、茱萸纹等象征吉祥如意的纹饰已相当风行。汉锦中最有代表性的"万世如意"锦现存幅面为40.75厘米，经纬密度是168根/厘米和75根/厘米。用经二重组织，分组分区织造显花。各区都是绛、白两色的经线，另配以宝蓝、浅驼（灰褐）或香色（浅橙色）等第三种颜色合为一幅。

绮：汉代的有民丰尼雅遗址的树叶菱纹绮，蒙古诺音乌拉匈奴墓以及叙利亚帕尔米拉古墓出土的花卉对兽菱纹绮。这种绮组织与马王堆汉墓出土的基本相同，是在平纹地上起斜纹花形。树叶菱纹绮的经纬密度为66根/厘米和26～36根/厘米。花纹组织循环的每一单元高3.9厘米，宽8.2厘米。这种织物需用38页综织造。

花罗：汉代的有民丰尼雅遗址的红色杯形菱纹罗，其经纬密度为66根/厘米和26根/厘米。织法是以4根经线一组的4

经绞罗。这种花罗仍是沿用西汉时绞综环和上口综配合起绞提花、用砍刀打纬的方法制作的。

b. 魏、晋、南北朝丝织品。主要出土于新疆吐鲁番阿斯塔那墓葬。织锦仍是经锦为主，花纹则以禽兽纹结合花卉纹为其特色。北朝夔纹锦，残长 30 厘米、宽 16.5 厘米，由红、蓝、黄、绿、白五色分段织成。方格兽纹锦，残长 18 厘米、宽 13.5 厘米，经线分区分色由红、黄、蓝、白、绿五色配合显花。每区为 3 色一组，在黄白地上显出蓝色块状牛纹，在绿白地上显出红色线条状的狮纹，在黄白地上显出蓝色线条状的双人骑象纹，把方格纹、线条纹和块状纹结合成特殊风格的图案。另一块树纹锦的经纬密度为 112 根/厘米和 36 根/厘米，用绛红、宝蓝、叶绿、淡黄和纯白 5 色织成。织造方法和上述两种纹锦基本相同。1966 年和 1972 年吐鲁番阿斯塔那墓葬还出土有联珠对孔雀贵字锦、对鸟对羊树纹锦、胡王牵驼锦、联珠贵字绮和联珠对鸟纹绮等品种，其中联珠是第一次发现的特殊纹锦。

c. 唐代丝织品。在新疆吐鲁番和民丰的墓葬里发现了大批的联珠对禽对兽变形纹锦。如对孔雀、对鸟、对狮、对羊、对鸭、对鸡、鹿纹、龙纹、熊头、猪头等象征吉祥如意的图案。还出现了团花、宝相花、晕绸花、骑士、贵、王、吉字等新的纹饰。织造技术已从经显花发展为纬显花。其中以宝相花锦鞋和晕绸锦裙、衬衣的晕色效果最为突出。如变体宝相花鸟锦鞋的晕绸衬里是由大红、粉红、白、墨绿、葱绿、黄、宝蓝、墨紫八色丝线织成的彩锦。

② 毛织品。有精细的花罽，粗犷的斜褐，稀疏的毛罗，通经回纬的缂毛，簇茸厚敦的栽绒毯。

a. 汉代毛织品。1959 年民丰尼雅遗址出土人兽葡萄纹罽 3 块，残长 21～26 厘米，宽 2.3～4.6 厘米。经纬密度为 56 根/厘米和 30 根/厘米，经线用双股，在米黄色地上起墨绿色人兽葡萄花纹（彩图 21）。同墓出土的龟甲四瓣花纹罽，残长 24 厘米，宽 12 厘米，经纬密度为 21 根/厘米和 26 根/厘米，经线用 3 股，纬线用双股，在靛蓝色地上织出绛红色的花瓣纹。毛罗残长 30 厘米，宽 5.5 厘米，经纬密度是 24 根/厘米和 18 根/厘米，经密稀疏程度几乎与丝织罗相仿。毛罗的组织是 2 经绞 3 纬，这种横罗织法还属首次发现。1959 年民丰大沙漠一号墓出土的毛毯，残长 32 厘米，宽 12 厘米，经纬密度是 7～8 根/厘米和 4 根/厘米。编结采用的是马蹄形打结法，每 5 根地纬栽一行绒纬，绒纬长 20 厘米，恰好将地纹全部盖满。彩色绒纬用绛红、靛蓝和米黄等色线配置花纹图案。现代和田地毯正是从这种毛毯发展而来的。

b. 南北朝毛织品。主要有新疆于田屋于来克北朝遗址出土的方格呢和紫色褐。方格呢残长 15.7 厘米，宽 12.5 厘米，经纬密度为 18 根/厘米和 15 根/厘米，用青、黄两色织成方格纹。紫色褐残长 15.5 厘米，宽 6 厘米，经纬密度均为 25 根/厘米。另一块是蓝白印花斜褐，用 $\frac{2}{1}$ 斜纹组织，经纬密度均为 22 根/厘米，织物有细薄精密效果。另一块黄色斜褐，残长 11.5 厘米，宽 9.5 厘米，经纬密度为 12 根/厘米和 9 根/厘米，组织是 $\frac{2}{2}$ 斜纹，捻向为 Z 和 S，织物有粗犷感。新疆巴楚脱库孜沙来遗址出土的栽绒毯 2 块，其中一块菱纹栽绒毯残长 19 厘米，宽 12 厘米，经纬密度分别为 3 根/厘米和 4 根/厘米,绒组织仍用马蹄形打结法,用原棕色毛和黄、蓝、红彩色线编织成 4 个相邻的大菱形纹饰,再以红、棕、蓝三色在菱纹内显出四个对称的小菱纹。装饰性很强,是新疆古代民族图案的特有风格。

c. 唐代毛织品。多数是在新疆巴楚脱库孜沙来遗址出土的。有平纹的毛褐,残长 8 厘米,宽 5 厘米,经纬密度为 12 根/厘米和 13 根/厘米。黄蓝色条纹褐,残长 6 厘米,宽 6 厘米,经纬密度为 4 根/厘米和 8 根/厘米。由于经纬密度差异大,表面上有横向凸纹效果。同一遗址出土的还有通经回纬的长角形缂毛毯、花卉缂毛毯、禽纹缂毛毯、六瓣花纹缂毛毯等。其中禽纹缂毛毯残长 19 厘米,宽 9.5 厘米,经纬密度为 3 根/厘米和 12 根/厘米,经线是 Z 捻,纬线是 S 捻合股,在红地上显出蓝色雏禽纹,以棕色饰成羽毛,花纹清晰。六瓣桃花纹缂毛毯残长 35 厘米,宽 4 厘米,经纬密度为 4 根/厘米和 12 根/厘米。纬线有红、蓝、黄、白 4 组,在蓝色地上显出白色 6 瓣花朵,以黄色填成花蕊,每朵花之间又用红色纬线相间隔,图案更加醒目生动。

③ 棉织品

a. 汉代棉布。又称白叠布。1959 年,新疆民丰东汉遗址出土的棉织品有蓝白印花棉布、白布裤和手帕等残片。蓝白印花棉布的残片长 80 厘米,宽 50 厘米。另一块蜡染棉布残长 86 厘米,宽 45 厘米,组织为平纹,经纬密度是 18 根/厘米和 13 根/厘米。

b. 魏、晋、南北朝棉布。出土的数量较多。1964 年吐鲁番晋墓出土的一个布俑,身上衣裤全用棉布缝制。1959 年,于田屋于来克遗址出土了一件长 21.5 厘米,宽 14.5 厘米的褡裢布,经纬密度为 25

根/厘米和 12 根/厘米,用本色和蓝色棉纱织出方格纹。另一墓葬出土的蓝白印花棉布,残长 11 厘米,宽 7 厘米。经纬密度均较前一块细密。

c. 唐代棉布。1959 年在巴楚脱库孜沙来晚唐遗址出土细密的棉布,同时出土的一块蓝白提花棉布,残长 26 厘米,宽 12 厘米,质地较粗重,经纬密度约为 16 根/厘米和 8 根/厘米,在蓝色地上,以本色棉线为双纬织出纬线起花的美丽花纹。

④ 麻织品。1968 年新疆吐鲁番阿斯塔那 48 号墓出土的郧县庸调麻布,年代为唐开元九年(公元 721 年),布长 245.6 厘米,宽 58.9 厘米。唐麻布被单幅宽 59.5 厘米,长 73 厘米,经纬密度为 25 根/厘米和 18～25 根/厘米,上有"河南长水县印"朱色篆文,纱线条干均匀,质地细致紧密,布纹非常清晰。

(3) 宋代纺织品(彩图 35～41)

宋代纺织品出土主要有福建福州黄昇墓的织品和衣物 300 余件、江苏金坛周瑀墓衣物 50 余件、江苏武进村前公社宋墓衣物残片、湖南衡阳宋墓和宁夏回族自治区西夏陵区 108 号墓丝麻织品、浙江兰溪棉毯等。黄昇墓出土的丝织品品种有平纹组织的纱、绉纱、绢;平纹地起斜纹花的绮,绞经组织的花罗,异向斜纹或变化斜纹组织的花绫和 6 枚花缎等 7 个品种,其中仅罗就近 200 件。"宋罗"和"汉锦""唐绫"一样,是具有时代特色的流行品种。

① 花罗。4 经绞花罗在宋以前已有出土,2 经绞和 3 经绞花罗是首次出土。2 经绞花罗是在 2 绞经的地纹上起平纹和浮纹花。2 经平纹花罗的经纬密度为 36 根/厘米×27 根/厘米,花纹有卍字、梵轮、必定、叶状四向十字形等杂宝纹饰。2 经

浮纹花罗是在花纹部以纬线起花,经纬密度为32根/厘米×18根/厘米。浮纬结构是当绞经和地经不起绞而平行排列时,绞经下沉,纬线浮于经线上有1根、3根、5根、7根、9根不等而形成花纹。花纹有卐字、梅花、四向花、四瓣花等。这两种花罗均是以杂宝花为主题的小提花织物。3经绞花罗有平纹花、斜纹花和隐纹花三种,3经平纹花罗的地组织以3根经丝(1根绞经、2根地经)为一组,花纹部位以单经、双经平纹起花。经纬密度差异最大的是45根/厘米×18根/厘米。花纹有牡丹、山茶、海棠、百合、月季、菊花等,而以牡丹、山茶花为最多。3经斜纹花罗花纹部位起$\frac{2}{1}$的斜纹组织。经纬密度差异最大的是45根/厘米×19根/厘米,经丝直径为0.05～0.20毫米,纬丝直径0.20～0.40毫米。花纹有牡丹、山茶、栀子、蔷薇、月季、芙蓉等,以牡丹、芙蓉为主。隐纹花罗,地组织外观与2绞经相似,实是3经的隐现。当A,B和C三经粗细相绞成地部,花纹部位粗经中分出一根做单独的平纹组织,不起绞的经平纹最长达13根,最短的也有3根。由于绞织和平织的织缩不同,花部的单经平纹出现松弛现象。这种花纹有连枝和折枝花卉两大类。有一块单一的牡丹花,朵径达12厘米。花纹单位最大的是41根/厘米×15根/厘米,是宋代以前少见的大型花纹。

花纹以牡丹或芙蓉为主体的伴以山茶、栀子、梅花、菊花等组成繁簇花卉图案。这种以花卉写实题材作为提花工艺的表现形式,富有生活气息。构图设计以复瓣的牡丹、芙蓉为主体的折枝花卉,枝头上点缀小花,主花花蕊套织莲花。芙蓉的叶子上填织梅花。

②绫。有异向花绫和斜纹变化组织花绫两种。异向花绫在宁夏西夏陵区108号墓有出土残片,黄昇墓出土了完整的衣物。组织结构以4枚经线为一组,地部作$\frac{1}{3}$的斜纹组织,花部作$\frac{3}{1}$异向斜纹,经纬浮点基本一致。经纬密度有25根/厘米×25根/厘米,(30～39)根/厘米×(25～36)根/厘米,(40～46)根/厘米×(28～29)根/厘米等3种。经纬丝的直径是0.1～0.4毫米和0.3～0.6毫米。这种异向绫把左斜和右斜对称结合起来。由于经向和纬向的组织点基本一致,左右斜纹纹路清晰,织物手感良好。这类花绫纹样以穿枝牡丹、芙蓉为主,间饰海棠、梅花等。203号花绫在牡丹花的叶内填织小梅花,别具一格(图2-28),1号褐黄色梅花缨络绫,地经4枚左斜,纹纬4枚右斜,经纬密度为41根/厘米×28根/厘米,经纬直径为0.2毫米和0.4毫米,纹样作穿枝梅花,花枝联结缨络。花纹单位15.8厘米×13.5厘米。匹长1104厘米,幅宽56厘米。匹端墨书"宗正纺染金丝绢官记",可能是官营手工业作坊的产品。斜纹变化组织的花绫是地经$\frac{2}{2}$或$\frac{2}{1}$等斜纹变化结构。经纬密度为22根/厘米×27根/厘米,经纬直径分别为0.7毫米和0.3

图2-28 福建南宋黄昇墓出土203号花绫(纹样)
Figured Ghatpot of the Southern Song Dynasty
Earthed in Fujian Province (Pattern)

毫米。经丝起花织几何小菱形花纹图案。单花的经纬丝组织单元以 8 根×4 根为一循环。两个组织单元构成一个菱形花纹，呈现互相并连的满地菱纹，纹饰别具一格。

③缎。在黄昇墓中首次发现 6 枚纹纬松竹梅提花缎。经纬密度是 40 根/厘米×30 根/厘米。经纬丝均为先染后织，经与甲（粗）纬是棕褐色，经丝略加捻，乙（细）纬呈黄棕色，交织后有明显的散色效果。甲乙纬丝均不加捻，经丝直径约 0.2 毫米，甲乙纬直径分别约 0.3 毫米和 0.4 毫米。地部以经丝起 6 枚缎组织，由甲纬织入，色调较纯；乙纬沉在背面，花部则以乙纬组成的 6 枚纬显花。甲乙纬在花地不同的位置上相互交替，形成纬二重组织。地部的乙纬沉在背面，全无约束，浮线太长，因而采取满地花枝的纹样加以间隔交换的办法缩短浮长，以提高织物的牢度。纹样作满地松、竹、梅，花纹单位是 17 厘米×10 厘米，以写意的手法表现出组织结构的特点（图 2-29）。这种织物下机之后，经过上浆和砑光等工序，故缎面平挺，光泽良好。经纬丝均呈扁平形状，花纹的闪光效果极佳。

图 2-29　福建南宋黄昇墓出土的松竹梅提花缎
Figured Satin of the Southern Song Dynasty Unearthed in Fujian Province

④印花与彩绘丝织品。主要出土于江苏武进村前公社宋墓和福州南宋黄昇墓，尤以黄昇墓的花色品种最齐全。如服饰的对襟和缘边，多镶上一条有印花与彩绘相结合或彩绘的花边。印出的花纹底纹或金色轮廓再描绘敷彩，最后用白、褐、黑等色或以泥金勾勒花瓣和叶缘。纹饰变化多端，有百菊、牡丹、芙蓉、木香、海棠、锦葵、水仙、山茶、桃花、白萍等花卉，有鸾凤、鹿寿、狮球、蝶恋芍药、飞鹤彩云等动物纹，有印花芙蓉人物花边。在敷彩的大叶子上，工笔绘就人物、楼阁、鸾鸟、花卉等图案。叶的间隙处还绘有手执折枝花或荷叶的童子，站立于几凳上。出土时色为灰绿、灰蓝、褐、橘红等。完整花纹循环面积为 39 厘米×5 厘米。泥金印花再填彩纹的花边，纹饰除常见的花卉纹外，还有香串流苏、绶珠飘带、鱼藻、狮子戏球等。在黄昇墓中还发现贴金印花，有的在贴金的纹廓内再敷彩，则成贴金印花敷彩的纹饰。花纹上的金箔连接成片，比泥金印花更显出金光灿烂的装饰效果。印花丝织品采用了镂空版印花的四种工艺，即植物染料印花、涂料印花、胶印描金和洒金印花。描金和洒金印花是前所未有的印花品种。色胶描金印花工艺是将镂空版纹饰，涂上色胶，在织物上印出花纹，配以描金勾边，印花效果更佳。洒金印花是将镂空花版上涂有色彩的胶黏剂，印到织物上。当色胶未干，即在纹样上洒以金粉。干后抖去未黏着的多余金粉即成洒金花纹。它和凸版花相比较，花纹线条较粗犷，色彩较浓，有较强的立体感。

⑤棉毯。1966 年在浙江兰溪宋墓内出土一条完整的白色棉毯，两面拉毛，细密暖厚。毯长 2.51 米，宽 1.15 米，经鉴定由

木棉纱织成。线密度经纱为 50 特，纬纱为 47.6 特，条干均匀。棉毯是独幅的，证实了历史上曾存在"广幅布"和阔幅织机。

(4) 元代纺织品（彩图 42）

元代纺织品由于特定时代背景，在织造技艺上虽然大都继承前代，但风格与品种颇有特色。元代纺织品以色彩华丽、纹样粗犷著称。内蒙古博物馆和新疆博物馆所珍藏的元代纺织品充分反映出这一特点。

① 织金锦。简称"织金"，蒙语音译为"纳石失"，是元代纺织品种最具特色的产品。在新疆博物馆内藏有元代戎装——黄色油绢织金锦边袄一件。袄以米黄色油绢作面，粗白棉布衬里，袖窄长，腰部细束。在腰部订有 30 道"辫线"，共宽 9.5 厘米。"辫线"是用丝线数股扭结成辫订在腰部的。在袖口、领、肩、底襟和开衩部分均有织金锦做的边饰。所有织金锦有的用片金织成，有的用捻金织成。片金织成的简称"片金锦"，经线为丝线，纬线则以片金线和彩色棉线作纹纬，丝线作地纬。经丝分单经和双经两种，较细的单经用于固结纹纬，而较粗的双经与地纬交织可使织物坚牢，经、纬密度分别为 52 根/厘米、48 根/厘米，花纹用穿枝莲遍地花图案。捻金线织成的简称捻金锦，经线亦为蚕丝，分单经和双经两组，纬线由两根平行的捻金线和一根棉线组成，捻金线作纹纬，棉线作地纬。单经与纹纬成 $\frac{1}{3}$ 斜纹交织，双经与地纬成平纹交织，经纬密度为 65 根/厘米×40 根/厘米，纬线以捻金线显花，花纹图案中比较明显的部分是人像，修眉大眼，隆鼻小口，脸型略长，头戴宝冠，自肩至冠后有背光。

② 双羊龟背纹提花被面。藏于内蒙古博物馆。图案是以双羊龟背为纹，外框为缠枝宝相花纹样，采用斜纹为基础组织，用黄蓝两色纬丝起花，以纬二重组织进行织造。起花部分的长纬丝用特经压住。被面采用双幅拼花提花织物制成，花纹左右对称。

③ 印金绸袄。藏于内蒙古博物馆。反映出元代当时崇尚金色作为装饰色彩。这批绸袄多件均用蚕丝为经纬并经染色，用小提花或斜纹织成。在织物上按服装形状分区用拍印的方法用凸纹版印上粘合剂并贴上金箔，焙干后刷除多余的金箔而在织物上黏留金色花型。凸板的尺寸有多种，如 9 厘米×8 厘米，10.1 厘米×7.5 厘米等。

④ 挖花纱罗织物。藏于内蒙古博物馆。在平绞纱罗上，用小梭子挖花织入绿色、深黄色、米黄色等，彩色纬丝用于作提花罗裙的镶边。

⑤ 绣花上袄。藏于内蒙古博物馆。在上袄坯料上绘制花纹而后刺绣。花型内容丰富，有龙凤、云鹤、龟兔、双鱼、双蝶、驴、鹿和兰、菊、荷、石榴、百合、牡丹等花卉。

(5) 明、清纺织品（彩图 43～49，彩图 62～74）

明清纺织品传世较多。出土纺织品可以定陵出土的为代表，传世品则可以各地收藏的明刊《大藏经》封面锦褾和故宫博物院保存的明清皇室服用的织物珍品为代表。明《大藏经》刊印于永乐、正统至万历时期（1403—1619）。裱装经面的材料，多从内库和"承运""广惠""广盈""赃罚"四库中取用，基本上可以代表明代早期的提花丝织产品。这批经卷当时由朝廷分赐全国各大寺院。织物的纹样风格有的富丽雄浑，有的秀美活泼；织物组织和品种则有妆花缎、妆花纱、实地纱、亮地纱、暗花缎、暗花丝绒、织金锦和花绫等。故宫博物院收藏的明清织物，如漳缎、漳绒、双层锦、栽绒、五套七色夹缬等都较罕见。其中有很多是整匹、整件的料子，常常附有当时的名称和织造年月、地点和织匠姓名等资料。从此可以比较全面地看到明清织物的原貌。

① 漳缎。产生于明代的提花起绒丝织物，故宫博物院收藏较多。明晚期南京生产的"金地莲花牡丹云龙漳缎"炕褥，纬二重经起绒组织，起毛杆起绒圈，割断毛圈成绒；以双股捻金线浮纬为背景，朱红色绒毛显花。绒毛挺立而整齐密集，高度约为 2 毫米。纹样由五爪龙、四合如意云、缠枝莲花牡丹组成，具有明显的明代特征。清康熙妆花绒缎炕褥残片，实物尺寸 119 厘米×69.5 厘米。纹样为卍字边勾莲夔龙、独花。以黄色地经、地纬交织成 $\frac{4\quad5}{2\quad1}$ 变化组织，金黄色绒经起绒花。此外，还用挖梭回纬的方法织入豆绿、墨绿、大红、粉红四色彩纬以及双股捻金线，用专门的接结经接结。这种结合运用妆花、起绒技术织造的漳缎极为罕见。乾隆蓝地缠枝牡丹漳缎匹料，以经面缎纹为地组织，彩色绒经显花。宝蓝、玫瑰红、青莲、朱红、翠绿五色绒经交替排列，使织物正面浑然一体而背面显露色条。织物花纹边缘部分的绒圈未割，同一色彩的绒经产生绒圈、绒毛两种不同的层次，从而使图案的色调丰富，更有立体感。此外，故宫还藏有在缎地上起单色白绒花，再施以彩绘的特殊品种。

③ 双面丝绒。明定陵出土，为全国所仅见。袍料正反面都布满整齐的绒毛，呈淡褐色。绒毛高度为 6.5～7 毫米，绒根用 V 形固结。地组织是平纹。织物密度为 68 根/厘米×72 根/厘米。它的织造方法和组织结构见图 2-30。

 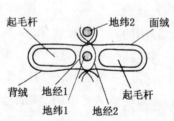 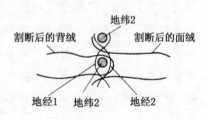

图 2-30 双面绒组织结构图
Structure of Double Sided Plush

② 双层锦。现存双层锦文物都是明清时期的，如故宫博物院收藏的明"织金胡桃改机"、定陵出土的"白地蓝色落花流水上衣"以及南京大学历史系收藏的乾隆"白地青花四合纹锦"。这些织物都采用表里换层的双层平纹提花组织，与一般织锦（如宋锦、妆花缎）相比，具有质薄、柔软的特点。花纹图案布局丰满，设色沉稳淡雅，富于装饰效果。《古今图书集成》织工部·记事引《福州府志》云："闽缎机故用五层，宏治间有林洪者工杼柚，谓吴中多重锦，闽织不逮。遂改机为四层，名为改机。"有人提出，引文中的"四层"即指双层平纹组织。所以，双层锦也称"改机"。

④ 玛什鲁布。清代乾隆年间新疆回族

人民织造的一种起绒丝、棉交织物,如故宫博物院收藏的绿色长条花纹玛什鲁布绒被和红色织成八角花纹地玛什鲁布。绿色长条花纹玛什鲁布绒被的起绒方法,与内地生产的漳绒相仿,属于起毛杆经起绒类型。采用了扎经印染工艺,又具有新疆维吾尔族的和田绸的特点,可以看作是中国各族人民纺织技术交流的结晶。经线用家蚕丝,纬线用棉纱(图2-31),密度为54根/厘米×24根/厘米。经线扎染成蓝、白、绿、红、黄五色,并由于纤维毛细管的作用,彩条间带有别致的无级层次色晕。

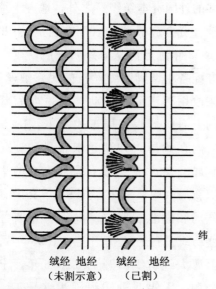

绒经　地经　　绒经　地经
(未割示意)　　(已割)

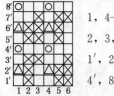

1,4—绒经

2,3,5,6—地经

1′,2′,3′,5′,6′,7′—绒线

4′,8′—起毛杆

图2-31　玛什鲁布组织结构

Structure of Mashlubu (a Kind of Piled Silk/Cot Ton Mixed Fabric)

⑤妆花缎。以挖花为主要显花方法的重纬缎地多彩纹织物。明《大藏经》封面上使用较多,如浙江省图书馆收藏的《大般若波罗经一三一(宿一)》封面、《万善同归卷第三(史三)》封面、《正法恋处经二十一之三十》封面以及福建省福州市鼓山寺经卷封面中的妆花缎。菱格宝相花妆花缎用在明正统五年刊印的《正法恋处经二十一之三十》封面上。5枚经缎地,纬浮花。经绒投影宽度为0.1毫米,Z捻,密度为60根/厘米。纬线共8种,绿、白、深蓝、藕色、黄、湖色、桃红、泥金,1色地纬,7色花纬,其中绿、白两色彩纬是精炼蓬松无捻的"绒线",投影宽度0.8毫米,约为其他彩纬的两倍。经线兼管彩纬间丝,一根隔一根起成5枚纬向左斜纹。彩纬背面不接结,成长浮线形式。

⑥栽绒毯。明清的栽绒毯遗留品,常以丝、毛、棉等纱线交织,其精致华丽超越了前代。明"九狮图毯"(现存美国)淡杏黄色地,9匹彩狮构成团花,四周饰以牡丹,外圈再环绕卍字形几何纹。纹样象征着"九世同堂"的吉祥意义。毛毯两端缀有氆氇毯头。栽绒采用新疆维吾尔族传统的8字形固结法。羊毛纬,棉纱经。故宫博物院收藏的清"金线地玉堂富贵壁毯",实物尺寸270厘米×645厘米,排缏长11厘米。图案是根据当时宫廷画稿设计的。纹样由玉兰、海棠、牡丹、灵芝、竹子、蝴蝶、山石等构成,使用了23种彩色"绒线"(家蚕丝纤维制成)和金、银线。

2.1.2.7　手工机器纺织的生产形式

在这个时期,一直存在着广大而分散的农村副业、城镇独立手工业和集中而强大的官营手工业三种纺织生产形式。官营手工业是在土地皇有制的基础上产生的,专为皇帝赏赐和对外馈赠等需要服务。宋以后也开始生产军队服装用布。官营手工业的原料靠各地上贡和征调,劳力多为奴婢和工匠。因是为皇室生产,产品精益求精，匠人多从各地巧手中征调而来，技术则是师徒世代相传，官营手工作坊的技术水平最高。作坊内部劳动历来都有分工，而且越分越细。生产规模也不断扩大，在历史上起了推动技术进步的作用。但因不以赢利为目的，往往不惜工本。同时由于封建等级制度，禁止民间穿用和仿造纺织精品，实行技术垄断。所以又有阻碍技术普及的消极作用，以至有些纺织绝技常常失传。清代中叶以后，官营纺织业管理逐渐腐败，到清末逐步为新兴的近代纺织工业所代替。城镇独立纺织手工业规模远比官营的小，生产中档的和部分不受禁止的高档产品，为市场贸易服务。尽管历史上出现过闻名的技术能手和纺织大户，但直到清末也未产生出纺织资本家来。农村纺织副业则面广量大，技术水平一般不高，产品多为农民自用或者供应市场作大宗衣料，但是产品质量良好。直到19世纪上半叶，中国农村土布才输出到英国，数量仍超过英国输入中国的洋布。

2.1.3　大工业化纺织

1871年以后为纺织工业的大工业化时期。

2.1.3.1　发展历程

欧洲从16世纪开始，手工机器纺织技术有了较大的提高。经过100多年的积累，到18世纪上半叶，纺纱的罗拉牵伸机构和机织的飞梭机构相继发明，其后，英国的纺织行业开始了产业革命，即进入到利用动力驱动的集中性大工业生产方式。西欧国家纺织工厂迅速地发展起来，大量的"洋纱""洋布"倾销到中国，几乎把中国的纺织手工业摧毁。中国动力机器工厂化纺织生产是随着近代军事工业诞生而开始的。鸦片战争以后，有些当权人

物认为中国失败的原因在于武器不良，因此从19世纪60年代起，逐步兴办了官营军事工业。19世纪70年代以后，又扩展到了军用纺织品生产。如左宗棠在兰州创办的甘肃织呢局（图1-11，图2-32），于1880年投产，这是中国除缫丝以外第一家采用全套动力机器的纺织工厂。但机器购自外国，聘请外国技师管理工厂，产品直接供应军需。同一时期外国资本家也开始在中国建纺厂，如法国人在上海的宝昌缫丝厂也在1878年投产。这个时期，除了地方官吏陆续兴办的官营纺织厂和日益增多的外国资本纺织厂之外，地方士绅也逐渐合资办起民营和官商合营的纺织厂。如1872年陈启源从海外归来后，在广东创办配备小型脚踏缫丝机的民营缫丝厂，后来改用蒸汽动力拖动。1889年官督商办的上海机器织布局正式开工。1890年张之洞在武昌兴办湖北织布局和湖北纺纱官局。1891年又成立官商合办的华新纺织新局（图2-33）。1894年又设湖北缫丝局和湖北制麻局。同年官督商办的华盛纺织总厂在上海开工。1895年民营的上海大纯纺织厂开工。1896年，宁波通久源、无锡业勤纺织厂相继开工。这时全国中外资纺织厂中，仅棉纺已有12家，41.7万锭。

图2-32　甘肃织呢局的毛织机
Wool Looms in the First Woolen Mill in China

图 2-33　1891 年开工的上海华新纺织新局
A Cotton Mill in Shanghai Opened in 1891

1895 年以后，中国有识之士看到国外纺织品大量进口和外资纺织厂大量兴办严重威胁中国经济，提出了"挽回利权"的口号。此后，民营纺织厂便更多了。如 1897 年开工的有苏州苏轮纱厂（图 2-34）、杭州通益公纱厂，1899 年有萧山通惠公和张謇在南通开办的大生纱厂，1902 年有郑宜元在南京开设公茂厂试织毛巾织物，1905 年有中英合办振华纱厂，1906 年有太仓济泰和宁波和丰纱厂，1907 年有郑孝胥在上海办的日辉制呢厂，中日合资的九成、北京清河溥利呢革有限公司和无锡荣宗敬、荣德生创办的振新纱厂，1908 年有江阴利用、上海同昌、湖北毡呢厂，1909 年有河南广益等纱厂。到 1911 年全国仅华商棉纺厂已达到 32 家，共 83.1 万锭。

图 2-34　1897 年开工的苏纶纱厂
A Cotton Mill in Suzhou Opened in 1897

辛亥革命后，第一次世界大战期间，中国纺织业有了新的发展，如 1918 年天津华新纱厂开工（图 2-35）。1919 年全国华商棉纺厂已有 54 家，165 万锭。但是日商也乘机大发展。同年日资在华棉纺厂有 23 家，120 万锭。日资纺织厂为了私利，还大量雇用童工（图 2-36）。日本侵占东北后，1932 年淞沪战役中，炸毁了一些中国纺织厂（图 2-37）。

图 2-35　天津华新纱厂
Huaxing Mill in Tianjing

图 2-36　日资厂中的童工
Child Labors in Japanese Invested Mills in China

图 2-37　上海永安二、四厂 1932 年被日军炸毁
Workshops in Yong-an Mill in Shanghai
Destroyed by Japanese Invaders' Bombs in 1932

1935 年抗日战争前夕，全国中外棉纺厂生产能力达到 495 万锭，但发展是畸形的：第一，3/4 以上分布在上海、天津、青岛等少数沿海大城市，而四川、贵州、云南、广西、广东、湖南、江西、湖北、陕西、河南、甘肃、福建、浙江等 13 个后来所谓"抗战后方"的省份，到 1937 年除长沙有 5 万锭以外，其余的生产能力都很小；第二，外资比例大。如 495 万棉纱锭中，日资占 194 万锭，英资占 20 万锭；第三，原材料控制在外国人手中，机器设备都仰赖外国。抗日战争爆发后，中国纺织工业几乎全被日本占领，遭受巨大的破坏。抗日战争结束后，当时的中国政府接管了日本人在华的 69 个纺织厂，组成了垄断企业"中国纺织建设公司"（简称"中纺公司"），总部设在上海，下设天津、沈阳、青岛三个分公司，共拥有棉纺设备近 180 万锭和近 4 万台织机，分别占当时全国总数的 36％和 60％。在生产较为正常的 1947 年，中纺公司所产棉纱和棉布分别占全国总产量的 44％和 73％，此外还拥有相当数量的毛纺织染整设备和麻纺、绢纺设备。中纺公司在当时中国纺织业中处于举足轻重的地位，技术也处于领先地位。中纺公司吸收日资管理的优点，去粗取精，汇编整理出版了纺织操作标准方法、纺织工艺规范等技术文件，开办多期技术培训班培训各级技术骨干和技术工人。经过几年的努力，把分属于几个日资集团的繁复管理系统，整顿成为集中统一的管理系统，达到了资本主义企业管理的较高水平，也为后来转为社会主义国有企业准备了技术、干部和组织的条件。

中华人民共和国成立以前的 110 年中，我国纺织生产的历史是引进、消化和推广西方近代纺织技术的历史，也就是近代纺织工业在我国形成的历史。这段历史十分艰难曲折。但是，中国近代纺织工业总的趋势是在不断发展、提高、成熟。

中华人民共和国成立后，政府接管了中国纺织建设公司各厂，改为国有企业。对民营纺织厂逐步实行了社会主义改造，通过公私合营阶段，最终也转为国有。自力兴办大规模的纺织机械制造厂，建设化学纤维制造厂。纺织工业开始进入了蓬勃发展的阶段。

从 1953 年起，中国开始进行有计划、按比例的大规模经济建设，1953—1957 年期间，纺织工业建成 200 多万棉纺锭新厂，大体上接近原来 70 余年民族资本建厂的总和。以后，虽然有过一些曲折，但是，经过几个五年计划的建设，中国纺织工业无论是规模或是产品的数量和品种花色，都有了很大的发展。1981 年中国棉纺生产能力已由 1949 年的 500 万锭发展到 1 890 万锭，毛纺生产能力由 13 万锭发展到 74 万锭；具有悠久历史的丝绸生产能力，1949 年缫丝萎缩到只有 9 万绪，1950 年后逐步恢复、发展，到 1981 年桑蚕茧缫丝已达 97 万绪。麻纺生产能力发展到有黄麻 11.6 万锭，苎麻 5.7 万锭，亚麻 2 万锭。印染布年生产能力从 10 亿米增长到 82 亿米。针棉织品的生产能力，从每年只能加工 10 多万件纱发展到可以加工 300 多万件纱。化学纤维工业 1949 年前基本上是空白，到 1981 年在建规模 100 万吨，生产能力为 60 万吨以上。1981 年棉织物产量 143 亿米，比 1949 年的 19 亿米增长 6.5 倍，在全国人口增长 80％的情况下，使人均消费量从 1950 年的 4 米增加到 10 米以上，不但保证了当时 10 亿人口的基本需要，而且还能以相当数量的纺织品出口，发展对外贸易。1981年纺织品出口换汇35亿美元。

我国国民经济以1980年为基础翻两番的规划，在纺织领域，超额实现：到2000年，生产能力棉纺经过压锭，仍有4 000万锭以上，毛纺有380万锭，缫丝320万绪，棉纱产量630万吨，化纤产量690万吨，梭织服装产量100亿件，纤维加工量1 210万吨。纺织品、服装出口520亿美元，占全球同类出口总额的13％以上。在人口增加到近13亿的情况下，人均棉布分得量达到20米，人均纤维年消费量达到6.6千克。

2.1.3.2 中国近代纺织技术的发展

中国近现代的纺织业源于动力机器生产体系的形成和发展时期。1871—1952年是其形成阶段。在这个阶段，动力纺织机器和工厂生产体制逐步从西欧引入中国，并且最终成为占主导地位的纺织生产形式。所以这个阶段也可叫做技术引进阶段。1953年以后，是其发展阶段。在国家统一规划下，以自己的力量为主，进行大规模新纺织基地的建设，加速发展了成套纺织机器制造和化学纤维生产。这样，纺织生产的地区布局趋向合理，纺织产品产量急剧增加，国内纺织品供不应求的紧张状况趋于缓和。到20世纪80年代，纺织生产又有大幅度的发展。一直延续到世纪末。

(1) 手工机器纺织达到的水平

中国在1870年前后，手工机器纺织技术已经达到很高的水平。

① 初加工和纺纱。轧棉已普遍使用脚踏飞轮式辊子轧棉机。在18世纪末美国发明锯片式轧棉机之前，这种机器曾经是世界上最先进的轧棉机。它是后来皮辊式轧棉机的前身。虽然生产效率比锯片式低得多，但轧出来的皮棉中没有破籽，质量比锯片式好。

纺纱有多种形式的复锭脚踏纺车，一人可以同时纺2～3根纱。欧洲产业革命前也曾出现过有2个锭子的纺车，但"能够同时纺2根纱的纺纱工人，几乎和双头人一样不易找到"。

合股捻线广泛采用20锭转轮推车式捻线架和56锭退绕上行式竹轮大纺车，都适用于相当规模的手工作坊。

以上这些与西欧产业革命时期所推广的机器相比，纺车上还缺牵伸机构，因此牵伸在人手和锭尖之间进行，难以多锭化。轧棉和捻线则除了尚未使用蒸汽发动机之外，不但不落后于西欧，而中国的退绕上行式加捻方法还被国外当代最新型的捻线机所采用。

② 织造。当时织造高档精美产品，已采用大花本束综拉花机，丁桥法多综多蹑机，竹笼式综竿提花机，绞综纱罗织机等多种机型。1860年，法国大花本束综拉花机用打孔纹版和横针取代线编的花本，又加上动力驱动，成为现代纹版式提花机，图2-38为法国早期贾卡纹版提花机。丁桥法多综多蹑机后来被用纹链和转子取代多蹑的丁桥，加上动力驱动，就成了现代多臂式织机。绞综纱罗织机改换了绞综的材料，加上动力驱动，就成了现代纱罗织机。这些技术改造，首先由欧洲人完成。用于织造大宗织物，中国普及的是手投梭脚踏开口狭幅木机。18世纪中叶，欧洲人发明了手拉滑块打梭（即"飞梭装置"，图2-44），后来又逐步演变成用踏盘（凸轮）发动木棒拉绳或直接用木棒套滑块打

梭,脚踏蹑也改为用踏盘压蹑,再加上动力驱动,就成为产业革命后推广的"动力织机"。

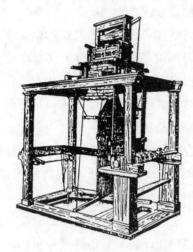

图2-38 贾卡纹版提花机
Early Model of the Jacquard Pattern Machine

图2-39 早期纺机
Early Spinning Frame

(2)动力纺织机器的引进、推广和创新

19世纪80—90年代采用引进欧洲设备,聘用欧洲技术人员建设的第一批毛、棉等纺织厂先后在兰州、上海和武汉开工,从此,在纺织生产主体(纺和织)开始利用动力机器和工厂体制。当时中国还没有自己的技术人员,还掌握不了关键技术,对于原料选配,防火技术,工人培训等都一无所知,以致先后发生甘肃织呢局锅炉爆炸(1882)和上海机器织布局失火焚毁(1893)等重大事故,导致两厂停产。湖北纺织四局虽勉强开工,也无法与进口洋货竞争而连年亏损。当时引进的设备多不能与国产原料相适应,制造质量也差,如牵伸罗拉未经淬火,易于磨灭;皮辊芯子固定,常有轧煞,影响产品质量。

19世纪末,英国资本侵入中国,在中国开设纺织厂渐多。辛亥革命后,日本资本也侵入中国,来华开设纺织厂同时,把纺织技术和管理经验逐步传入在华各厂。其时,民族资本家在"振兴实业,挽回利权"的口号下也集资办起纺织厂。他们聘请归国留学生,特别是曾为在华日资工厂工作过的人为技术骨干,并自行培养不同层次的技术人才。这样,中国工程技术人员逐步掌握了动力机器纺织技术,并进行技术改进,使外国制造的机器能够适应中国的原料、市场和环境条件。这是中国纺织工业在两次世界大战之间的一段时间内,能够稳步发展并达到500万锭规模的技术基础。

在这期间,西方先进国家对纺纱的牵伸机构进行了几次革新:1906年发明的三罗拉双区牵伸只能达到7~8倍;1911年出现的皮圈式牵伸便提高18~20倍;1923年卡氏皮圈式牵伸更为先进,可达25倍。这些新技术由英国人和日本人逐步传入中国。日本人在仿造中还有所发展,制成了"日东式""大阪机工式",在中国的日资纺织厂中推广使用。

织造方面，西方先进国家于 1895 年发明了自动换纡，图 2-40 为第一台自动换纡织机。接着日本人仿造并改进，成为广泛使用于在华日资厂的"阪本式"织机。1926 年，日本人发明了自动换梭的"丰田式"织机，也逐步在日资在华纺织厂中推广，淘汰了"阪本式"织机。

图 2-40　第一台自动换纡织机
The First Model of Auto Cop Changing Loom

纺织上各种新技术，通过外资工厂的中国职工和归国留学人员，为中国人所掌握。在 20 世纪 20—30 年代，纺织厂逐步改进技术，改革工艺，如清棉废除了第三道，梳棉机上添装连续抄针器，粗纱废除第三道，有的改为单程式，细纱改用大牵伸，织机加装断经自停装置，各道工序改用大卷装（如加长粗纱、细纱的筒管，增大梭子等）。产品也由粗改细，原来纺纱以 14～16 英支（41.6～36.4 特）纱为大宗，此时改以 20 英支（29.2 特）纱为大宗。日资厂还纺 32 英支（18.2 特）和 40 英支（14.6 特）纱。织物原以 14 磅（6.4 千克）粗布（匹重）为主，此时改以 12 磅（5.4 千克）细布为主，还生产府绸、哔叽、直贡呢、雨衣布、玻璃纱、麻纱等棉织品。每万锭用工人数由早期 650 人下

降至不足 200 人，但仍落后于先进国家（日本 61 人，美国 34 人）。

1930 年中国纺织技术人员组织了中国纺织工程学会。此后，每年在纺织发达地区轮流召开年会，交流经验，促进纺织技术发展。

1937 年抗日战争爆发，后方纺织品严重不足。除了利用手工纺纱弥补不足（图 2-41），千方百计保护生产设备（图 2-42）外，形势迫使中国技术人员因地、因时制宜，创造并推广了一些适于战时使用的短流程、轻小型纺纱系列设备，其中比较成熟的有新农式和三步法。

图 2-41　八路军战士们在手工纺纱
Soldiers of the 8th Army Spinning Yarns
with Hand Spinning Wheels

图 2-42　抗战期间窑洞中的纺纱机
Spinning Frames in Cave Dwellings
During the Sino-Japanese War

新农式成套纺纱机在抗日战争初期由企业家荣尔仁和纺织专家张方佐等创议，由上海申新二厂技术人员创制，并推广到大西南后方使用，颇受欢迎。该套设备包括卧式锥形开棉机、末道清棉机、梳棉机、头二道兼用并条机、超大牵伸细纱机、摇纱机和打包机。每套128锭，占地面积只有75平方米，功率7.4千瓦。全套设备可用2辆卡车装运，所以极便于偏僻山区建厂使用。这套机器是从当时通用的动力机器简化、缩小，重新设计制造的，全部采用钢铁材料，每台机器配小电动机单独带动（当时大厂的机器大多由天轴集体带动）。开棉、清棉、梳棉机幅只有750毫米。并条机用5罗拉大牵伸，每台配有头道、二道各3眼并列。省去粗纱机，二道棉条直接上超大牵神细纱机。细纱牵伸改为4罗拉双皮圈式，牵伸可达40倍。摇纱、打包也相应简化。

三步法成套纺纱机同时由纺织专家邹春座等在无锡和嘉定创制，并投入使用。这套机器把原来棉纺的清棉、梳棉、并条、粗纱、细纱、摇纱、成包等7道工序缩成弹棉、并条、细纱三步成纱，配摇纱和成包即成为纺纱全过程。弹棉机用刺辊开松，出机净棉做成小棉卷。并条以小棉卷喂入。细纱改为3罗拉双区双皮圈超大牵伸，由棉条直接纺纱，牵伸可达50～100倍。这套机器结构简化，如牵伸机构设计成可以无须调节罗拉隔距；细纱卷绕成形改成花篮螺栓式，由后罗拉尾部凸轮拨针拨动齿轮，使其回转。每台细纱机初造48锭，后改为84锭。全套机器采用铁木结构，除了最必要的轴、轴承、齿轮、罗拉、锭子、锭座、钢梁等用钢铁材料

外，其余如机架等全部采用木条由螺栓交叉连接，不用接榫。这样，加工制造和安装极为方便，成纱质量可与大型机器匹敌。

这些技术改造取得的成果，对当时革新现有设备也有启发意义，如高效率的刺辊开松、固定隔距的牵伸装置等。

1945年抗日战争结束后，技术人员对大工厂所用细纱牵伸机构也进行过改革。主要有纺建式和雷炳林式大牵伸等。

纺建式大牵伸由中纺公司上海第二纺织机械厂于1947年设计制造。主要是把原来日本仿造的改进型卡氏大牵伸的皮圈架改为上下分开，并把前、中、后弹簧加压改为可调，改进后，牵伸可达30倍。

雷炳林大牵伸以创制人名命名。主要把原来固定皮圈销改为上销用弹簧控制的活动式。这样，无论纱条粗细如何变化，上下皮圈销口始终能起夹持作用。

以上这些技术革新为以后发展阶段全面技术革新奠定了基础。

（3）西方技术影响下手工纺织机器的革新

西方动力纺织机器引进之后，激发了手工纺织机器的革新。

① 纺纱。20世纪20—30年代，河北定县出现过能同时纺80根纱的大纺车，江苏海门曾有人创制能同时完成弹棉、并条、纺纱全过程的纺车，河北威县曾出现每天产16英支（36.4特）纱0.5千克的改良纺车。抗日战争开始后，由农产促进委员会主任穆藕初发起，综合各地土纺车经验，创制成"七七棉纺机"（图2-43）。

该机每套配弹棉机1台、纺纱机20台、摇纱机4台、打包机1台，每10小时可产16英支（36.4特）纱10千克以上，

图 2-43　七七纺纱机在生产
Manual Spinning Frames Model
"July 7th" in Working

后，又加以改良，利用齿轮传动来完成送经和卷布动作，速度进一步提高。到20世纪20年代，进一步改革成为铁轮机，也称铁木织机，即除机架和踏板仍用木料，动力仍依靠人力脚踏之外，其余如采用飞轮、齿轮、曲轴等钢铁零件，结构和动力与普通织机基本一样（图2-45），其生产效率也和动力织机接近。

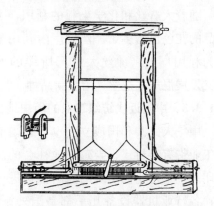

图 2-44　飞梭机构
Mechanism of Flying Shuttle

全部用人力运转。纺纱机每台32锭，有32个白铁筒装入搓好的棉条，车顶有32个卷纱轴，每轴上纱的头端与棉条的尖端捻接起来；工人用脚踩踏板，即可使白铁筒回转给纱条加捻；同时，卷纱轴也回转把纱抽引卷绕。其作用原理与1877年日本所创制的"大和纺"差不多。这种手工机器曾在后方许多地方推广使用，但成纱均匀度比动力机器所纺的纱要差得多，只供制造低档产品。

在浙江农村曾发现流传下来的多锭纺纱车，其结构基本与"七七棉纺机"相同。其特点是在白铁筒和卷纱轴之间加上了利用纺纱张力自动控制纱条粗细的装置，成纱质量大大提高，而且制作十分简便。这种上行式纺纱路线后来在气流纺纱机中被采用（《中国棉纺织史》）。

② 织造。中国手工普通织机原来一直沿用手投梭引纬，织幅只有50厘米左右。西方技术引进后，逐步革新。19世纪末，引进"飞梭"机构（图2-44），即在原来木织机上加装滑车、梭箱、拉绳。这样，把双手投、接梭改变成只用右手拉绳投梭，左手腾出来拉筘打纬。既加快了速度，又可使织幅加宽到65厘米左右。此

图 2-45　动力铁木织机
Early Power Loom with Wooden Frame

与铁木织机的推广相适应，整经也进行了改革。虽然仍用人力驱动，但已包括大型筒子架（可容200只筒子），配上分绞筘和粗竹杼、直径2.2米的大轮鼓等。每台可配30~40台铁木织机。

在提花织机方面，20世纪20年代引

进了欧洲纹版式提花龙头，以代替以前的花本。

③ 纺织品品种的发展。在手工织机改革的同时，手工织品也发生了变化。如棉布由土经土纬变为洋经土纬，又变为洋经洋纬。因机纺纱（洋纱）比土纺纱细，织物变薄，匀度提高。土布的幅宽随织机改革而变宽。

随着人造丝和化学染料的利用，手工织品的花色也增多了。丝绸厂内利用土丝改为利用厂丝（缫丝大工厂所缫的丝），后又发展混用人造丝，增加新品种。

2.1.3.3　中国近代纺织工业的历史地位

中华人民共和国成立前夕，我国的纺织工业带有半封建、半殖民地社会的深刻烙印。主干行业棉纺织的原料依赖进口美棉；各行业机器设备几乎都是国外制造，许多是已经使用了几十年的陈旧机器；绝大多数工厂的规模较小，技术与管理落后；布局集中于沿海，而广阔的内地纺织厂极少；有些工厂经营上带有投机性；原料不足，市场不畅，停工颇多，利润很少，经济效益低下；总产量不能满足当时5亿人口低水平的需要。

但是，从生产能力上考察，我国纺织工业已经具有相当的基础，行业结构已初具规模。其中棉纺织印染行业不但面广量大，满足了当时国内市场需要的 3/4，而且设备利用率曾经一度领先于世界，单位产品的工资成本在当时世界上具有明显的落后国家所固有的优势。麻纺织、针织等行业已显现出发展的潜力。丝绸、毛纺织等行业虽尚处在困难时期，但也存在着发展的可能性。纺织机械制造和化纤工业已经有了萌芽。巨大的国有纺织产业集团已经初具规模。在人才培养方面，已经建立了自行培养各层次纺织技术人员的教育系统，并且已有一支 8 000 人的技术人员队伍和人数更多的技工队伍。这一切构成了中华人民共和国成立以后我国纺织工业能够开始有计划的迅速发展的物质基础。

我国近代纺织工业包含官僚资本、民族资本和外国资本三类企业。

早期官办的纺织企业没有脱离封建的影响，但对于我国纺织业的发展起了带头作用。抗日战争结束后，由在华外资（主要是日资）纺织厂实现国有化后组建而成的中国纺织建设公司等，则是国家资本垄断性的巨大产业集团。一方面，它们是当时国民政府的工具，为反人民的内战提供大量资金和军用被服等物质支持，企业内部仍存在压迫、剥削工人的制度，工人的积极性和设备、技术的潜力远没有充分发挥；另一方面，该公司中供职的广大技术人员则本着一片爱国心，总结了过去日本在华"八大纺织系统"的管理经验和技术知识，结合当时民营厂的实践经验，初步形成了统一的管理制度和技术规范，并分期分批对所属各厂工程技术人员和各层次的管理骨干进行轮训，从而大大提高了所属纺织企业的生产能力。《工务辑要》《纺建要览》《经营标准》《操作标准》《平车工作法》等出版物，反映了这些工作的成果。这些都为中华人民共和国成立后办好有计划建设起来的国有纺织企业，在技术管理方面提供了有益的经验。中纺公司所培养的技术和管理人才，以后绝大多数成了社会主义国有纺织企业的骨干。

我国民族资本纺织工业是在进口纺织品和在华外资纺织厂的产品充斥市场的艰难环境中成长的。民族资本纺织业既缺乏雄厚的资本，又得不到当时政府的政策支持，在极不平等的竞争条件下，挣扎前进。但到中华人民共和国成立前夕，民族资本纺织业的总规模已超过全国总量的一半，这是极其了不起的成就。从民族资本纺织工业整个发展过程可以看出，在全国反帝爱国群众运动高涨的年代，民族资本纺织工业发展就顺利；在民族危难、群众受压的年头，民族资本纺织工业的日子也不好过。可见，民族资本纺织工业的发展与群众的觉醒和国家的兴旺休戚相关。这是我国民族资本家多数具有爱国意识的根源。而民营厂中的技术人员则是认清这种关系的先驱，在促进资本家认清前途方面，起着十分重要的作用。

我国民族资本纺织厂的规模一般远比在华外资纺织厂小，而且单位设备投资额也远比在华外资纺织厂低。这一方面成为多数民族资本纺织厂经不起风险的原因，另一方面也显示出中国纺织资本家以较少的自有资金，来创办较大规模产业的经营能力。此外，在大量分散的小规模民族资本纺织厂丛中，也屹立着几个巨大的民族资本纺织产业集团。如荣氏集团除拥有大量纺织厂外，还兼办其他轻工业和文教事业；大生集团更兼办原料开发、动力建设、文教事业以及社会福利事业。这一切显示我国纺织资本家中的杰出人物，怀有对社会进步的憧憬心理。这是我国民族资本家后来拥护社会主义改造的基础。当然，我国民族纺织资本家还是软弱的，有些人关心投机营利比关心生产管理更甚。而在企业内部，对工人群众的剥削与外国资本家并无差异。

近代在华外国资本纺织企业凭借着不平等条约所给予的种种特权，利用我国廉价的原料和劳力，抢占我国纺织品市场，

对我国人民进行长期的经济剥削和超经济剥削。获取高额利润是在华外国纺织资本家的根本目的。但是，他们为了更有效地赢利，必须把纺织厂办好。为此，他们不得不把当时外国纺织厂的技术和管理经验带进中国。为了降低工资成本，他们必须雇用中国工人，甚至雇用少数中国技术人员，因此在客观上提供了扩大中国纺织熟练工人、技术工人、工程技术人员和管理人员队伍的物质条件。在外国资本纺织企业实行国有化之后，这支队伍和他们的生产与管理经验，都留下来为我所用。另外，在华外资纺织厂抢占中国市场，排挤、并吞我国民族资本纺织厂的行动，也激发了我国民族纺织资本家的竞争意识，促使他们去改善企业的经营管理。在华外国纺织资本家对中国工人的压迫、剥削，激起了中国纺织工人的反抗，促进了纺织工人阶级觉悟的提高。

近代在华外国资本纺织工业规模的不断扩大，是世界范围纺织生产力由发达地区向后进地区扩散的表现，也是资本由工资成本（间接反映生活水平）较高地区向工资成本较低地区流动的过程。通过这种流动，纺织生产力在世界范围的地区布局缓慢地发生变化。这种变化在第二次世界大战结束后，以很快的速度进行着。

2.1.3.4 中国近代纺织工业成长的若干历史规律和启示

纵观我国纺织工业在近代的成长过程，我们可以得出下列历史规律，并从中得到启示。

第一，我国近代纺织工业，是从国外引进开始的，这是当时我国商品经济不发达所致。纺织原料通过加工成为纺织产品。产品具有使用价值，如服装可以穿

着，但产品必须通过流通才能成为商品。商品除了使用价值外，还有交换价值。流通规模愈大，积累就愈多。生产规模的扩大，财富积累的增多，必然促使新技术得到应用和推广。由此可见，技术能否被推广，并不完全在于此项技术本身是否先进，还在于它是否为当时社会所需要。而社会需要正是由流通促成的。从这个意义上说，工贸（或农工贸）结合是市场经济中搞工业获得成功的一条根本性的经验。

第二，我国近代纺织工业首先从沿海、沿江的大城市建立，并且站住了脚。直到中华人民共和国成立，纺织工业畸形地集中在沿海、沿江地区的局面也没有根本改变。早期企图在靠近羊毛产地建设毛纺织工业，用心虽好，却屡遭挫折，毫无成效。可见，纺织工业先从发展水平较高的地区开始，是有客观原因的，而绝非偶然。这是因为：① 我国纺织工业是从国外引进的，而发达地区交通方便，引进外国设备比较容易；② 发达地区附近人口密集，人民消费水平较高，有比较大而集中的纺织品市场；③ 发达地区相关行业比较齐全，技术配套，机配件和染化料供应容易解决；④ 发达地区对外联系多，信息比较灵通，所以生产较能顺应市场需要；⑤ 发达地区人才较多，职工素质较高，容易掌握技术；⑥ 发达地区交通便利，运输费用较少；⑦ 发达地区一般手工纺织业也比较发达。这些条件，内地许多地方开始都不具备。只有当内地办厂的外部条件（也就是投资环境）有了一些改善，而且沿海发达地区与内地后进地区的人民生活水平（也就是工资水平）差距拉大到一定程度，纺织工业才逐步向内地后进地区扩展以至转移。在此之前，不少后进地区的剩余劳动力，已逐渐流向发达地区。这在客观上为以后的生产力转移，作了人才的准备。不过，即使到布局达到合理之时，发展水平较高的沿海、沿江地区老纺织基地，仍将发挥技术优势的积极作用。

纺织工业的建设如波浪一样，一层一层地向深广推进，一直到地区布局达到平衡。在一国内部是这样，在世界范围内也是这样。

第三，我国近代纺织工业发端于缫丝和毛纺织，但棉纺织工业出现之后，便后来居上，而且迅速发展成为近代纺织工业的主体。开端较早的毛纺织和丝绸工业却一波三折，直到中华人民共和国成立，仍还规模甚小，而且困难重重。这说明各档次消费品工业的成长，是以人民生活水平的高低为依据的。人民生活的需求，是由低层次向高层次逐步发展的。在人民生活水平较低，主要矛盾还是缺衣的时候，进行"雪中送炭"，生产大众化产品以满足人民低层次需求的棉纺织行业首先得到发展；而实行"锦上添花"，生产高档次面料来满足人民高层次需求的丝、毛纺织业，则必然市场狭小，处境困难。只有在人民生活逐步提高之后，这种局面才会慢慢改变。

由此可见，纺织工业内部各行业的结构比例，绝不是一成不变的。这种结构比例必然要随着人民生活水平的提高而不断变化。生产高档次产品的行业所占份额将愈来愈大。在行业和企业内部也同样如此。生产高档次品种的专业或企业，一定是后来居上。这种趋势，使纺织工业不断推陈出新，节节向上，永葆繁荣。

第四，我国近代纺织工业的孕育，是从外国廉价纺织商品大量涌入开始的。进口外国纺织商品中，能够成功地广泛推销的，一开始并不是较深加工产品棉布或者深加工产品呢绒，而是初级产品棉纱。进口棉布的销路之所以远不如进口棉纱宽广，其根本原因是机织棉布的劳动生产率与当时手工棉布相比，差距远不如机纺棉纱与当时手工纺纱之间的那么大。正因为如此，我国近代早期，纱厂的发展速度往往比织厂快。机纺棉纱市场占有面大，决定了早期纱厂的繁荣。机纺棉纱市场占有面之所以大，是因为销售机纺棉纱经济效益好。

为什么机纺棉纱和机织棉布之间劳动生产率或者销售经济效益会有大的差距呢？最根本的是因为机器纺纱和机器织造的近代技术发展水平存在着很大差距。较深加工产品机织棉布品种丰富，批量相对较小；而初级产品机纺棉纱品种较为单纯，批量很大。因此，一般而言，较深加工产品生产的技术难度总比初级产品生产的技术难度大。较深加工产品生产技术的发展，往往滞后于初级产品生产技术的发展。另外，就纺纱和织造这一对特例来说，纺纱自古已有多锭化的渊源，而织造直到近代却一直没有多梭化的出现。两者原来的技术基础也存在显著差异。

由此可见，在一定的技术发展阶段，初级产品首先抢占市场，而生产初级产品的专业首先得到发展；其后，随着技术进一步的发展，较深加工产品才逐步取代初级产品而抢占市场，生产较深加工产品的专业也就发展起来。这样，产品的加工深度，一步步地提高，这是不以人们意志为转移的客观规律。

第五，综观整个近代，在国内相对平静、农业丰收的年代里，纺织工业的境况较好；在旱涝灾害严重、国内战争扩大的岁月里，纺织工业也就不景气。这是由于与纺织兴衰密切相关的人民生活水平受大环境影响上下起落而纺织产品的销路也随之起落的缘故。

突出的事例是，抗日战争初期直到1941年底太平洋战争爆发，全国纺织工业受到严重摧残，困难重重。但在上海、天津的外国租界地区，纺织工业不但没有衰落，反而曾有四年半的发展和畸形繁荣。这是因为在这几年里，尽管全国遍地烽火，外国租界里却保持了局部的安定，而且还有一定的技术配套和对外交通的便利。周围地区纺织工业的被破坏，也从反面促成租界内生产的商品畅销。由此可见，安定方便的外部环境，是纺织工业（其他工业也差不多）得以顺利发展的重要条件。

第六，纺织工业的发展总规模，有一个不以人们意志为转移的制约因素，那就是国内外市场的宏观需要。当纺织工业总规模低于国内外市场宏观总需求时，纺织工业必然要扩展；当其总规模超出国内外市场宏观总需求时，纺织工业必然会萎缩。这是因为只有在市场有销路时，工业才能生存。在市场经济条件下，这种工业规模的涨缩会自发地、周期性地反复出现，形成波动状的起伏，导致社会经济景气与不景气的反复循环。

中华人民共和国成立前，我国的纺织工业虽有相当基础，但总规模还十分不足，以致大众化产品还不能满足当时 5 亿人口低水平的要求。那时不但洋布有不小的销路，而且手工土布也还占全国棉布总产量的 1/4。正因为如此，我国的手工纺织业，特别是农家纺织副业，在近代纺织工业形成之后，并没有马上消亡，而是保留着相当大的规模长期存在。此外，在中华人民共和国成立初期，人民政府还不得不采用发布票的办法，来限制纺织品的消费。这种宏观供应短缺的情况，成为以后我国纺织工业高速度发展的动力。这与西方发达国家在第二次世界大战结束、旧殖民主义体系开始瓦解时所发生的纺织工业急剧衰退现象，形成显明的对照。这不但是因为西方发达国家当时的纺织工业总规模，远远超出其国内市场的宏观需要，而且因为殖民地纷纷独立，海外市场急剧缩小，也大大超出外销市场的宏观需要。一面是"夕阳西下"，一面是欣欣向荣，这是纺织生产力在世界范围的地区布局，由历史形成的畸形，走向新的均衡的两个侧面，反映了历史进步的必然趋势。

最后的均衡状态将是各国（或主权独立的地区）的纺织生产能力所占的份额，大体接近于其人口所占的份额。

总之，近代中国的纺织工业，在艰苦斗争中形成了一定的基础，但与人民生活需求相比还十分不足，而且带有深刻的半殖民地、半封建的社会烙印。这种局面到中华人民共和国成立，并经过社会主义改造之后，才发生根本的变化。

不过，如果离开近代纺织工业这个基础，那么后来纺织工业的飞速发展，将是极其困难，甚至是不可能的。在实行社会主义市场经济的当代，重温我国近代纺织工业发展的规律，不是没有现实意义的。

2.1.3.5 动力机器纺织的发展

1949 年新中国成立后，中国的纺织工业经过 3 年恢复时期，从 1953 年起，进入有计划的发展阶段，纺织生产力迅速提高，纺织技术取得了一系列的进步。

（1）发展的过程

① 1953—1957。这一时期的主要进步在于改进工艺，节约原料，改善条件，提高质量。20 世纪 50 年代初期，纺织机器型号杂，劳动条件差，每件重 181.5 千克的棉纱要耗用原料 210 千克以上。当时适逢抗美援朝战争，美军封锁我国沿海，进口棉花断绝，原料严重短缺。在这种形势下，技术人员研究清棉、梳棉工艺，改进车间温湿度控制和操作法，充分利用落棉，逐步使每件纱用棉量降到 197 千克。

旧中国棉布考核匹重，如 14 磅（6.4 千克）平布每匹重量必须达到 14 磅（6.4 千克），工厂为了节约用棉，多用加大上浆率来填补重量。一般上浆率达 24%～33%。但浆料要耗费粮食，技术人员通过改进浆槽结构、浆料成分和上浆工艺，逐步把上浆率降到 8%；随后又利用化学浆料、非食用淀粉，使粮食耗用量大大减少。

设备方面，在淘汰杂乱旧机、改革部分机件的基础上，在适应国产人工采摘棉花比进口美国机摘棉花少得多的条件下，缩短了工艺流程：清棉由 2 道改为单程，并条由 3 道改为 2 道，粗纱由 2 道改为单程。这样，棉纺工艺由 9～10 道缩为 5～6 道。这些改进，集中地反映在 1954 年定型并大量制造的国产第一代成套棉纺设备中。

② 1958—1967。这一时期的主要技术进步在于提高机械化、连续化程度和设备生产率，同时开发化纤混纺。1958 年的"大跃进"，激发了技术人员和工人改造旧设备、设计新设备的创造精神。如创制了几种圆形和长形、以"直摆横取"原理工

作的自动抓包机。一改过去混棉工序人工抱棉、铺棉、"横铺直取"重新铺层，再喂入开棉机的繁重体力劳动，实现了机械化。清棉机上添装了自动落卷、生头装置，使过去人工拔芯轴、搬棉卷、徒手生头的劳动自动化了。细纱落纱采用半自动落纱、插管小机，使人工拔纱、插管劳动机械化，劳力减少，效率提高。织造准备采用自动穿综插筘机和自动结经机，使耗费眼力的劳动实现半机械化。槽筒络筒机采用了电动坐车，减轻了挡车工人来回走动的劳动，提高了巡回速度。织造方面淘汰了人力织机，代以动力织机。上打手自动换纡的阪本式织机逐步为下打手自动换梭仿"丰田式"的国产织机代替。

梳棉机的关键技术改进是由弹性针布改用全金属针布，大大提高了分梳效率，使梳棉机的速度大幅度提高，单产显著上升，每万锭配用台数成倍下降。另一关键技术改进是细纱机的锭子，由过去的平面轴承改为滚珠轴承，随后又改为吸震式分离轴承，使锭速大幅度提高，机械生产效率急剧上升，劳动强度反而降低。这些改进集中地反映在1965年定型并大量制造的国产第二代成套棉纺设备中（表2-1）。

表2-1 两代国产定型成套棉纺设备

机　　型	旧型	54型	65型
细纱断头率（根/千锭·时）	200	100	60
细纱单产（折29.2特，千克/千锭·时）	18	25	38
锭速（1 000转/分）	9	12	15
每万锭配梳棉机（台）	45	45	20
细纱卷装（毫米）	150	175	200

在技术进步的基础上产品品种也随之变化：细支、高密度、阔幅织物比例增加。

③ 1968—1977。这一时期的主要技术进步在于适应化纤的扩大利用，进一步改革设备和工艺，一方面推广自动抓棉、自动落卷、大卷装、大牵伸等高速高效技术，另一方面进一步改进技术，但由于"文化大革命"的干扰，改进的进度减慢。这期间清棉车间推广自动清扫，梳棉机采用真空吸落棉，使清扫落棉自动化；并条机牵伸皮辊改用滚珠轴承，圈条器改用悬吊轴承，使其速度进一步提高；细纱机采用新型高速元件——锥面钢领和高速钢丝圈，使细纱单产达到40千克/千锭·时。机器加压过去使用重锤，既耗用大量的铁，又使机台笨重，后改用杠杆、磁性、弹簧加压，平衡重锤也改用扭杆。机件所用材料也有改进，如牛皮辊、圈改为人造橡胶辊、圈，筘、梭、停经片改用优质钢材，提高了机器运转质量。

但是，这一时期对织机的改进多限于小量试验，大面积使用的织机中有15%是非自动的（表2-2）。

表2-2 棉织机改造进程（%）

项　　目	1955年	1965年	1982年
自动织机	13.1	54.5	84.8
普通织机	16.9	24.5	12.7
铁木织机	4.5	11.5	2.1
人力织机	65.5	9.5	0.4
合　　计	100	100	100

④ 1978 年以后。这一时期再一次大量引进国外纺织机器和技术，设计制造第三代国产定型成套设备。随着对外开放，

1978—1987 年间，我国又引进了 6.4 万台各种纺织机器。在结合本国经验和消化吸收引进技术的基础上，设计制造了在高产、优质、大卷装、自动化及机电一体化方面更成熟的成套设备。在开清棉流程中，设置了多仓混棉机，用气流从各仓顶部喂棉，在底部经打手开松同时输出，达到大容量并合混和。清棉机和梳棉机之间配用带自调匀整装置的清梳联合喂棉机。梳棉机改进了分梳元件。并条机更加高速，并且配自动换筒。粗纱机（图 2-46）加装防细节装置，在关车时会使下铁炮至筒管的传动有短时间的脱开，使罗拉至锭翼间的粗纱松弛，免因惯性运转时间长短差异造成细节。还加装补偿导轨式张力微调装置，使粗纱质量有所改善。细纱锭速可达 16 000 转/分，并可按需要调整大、小纱时的变速范围。

在织造方面，改进了送经、卷取、停经、引纬的机构，但基本结构仍沿用自动换梭的仿"丰田式"。

图 2-46　现代粗纱机
Contemporary Roving Frame

自 1958 年起，纺织工业已经作了许多发展新技术的小量试验，到 1978 年以后，进一步开发并扩大试验了非织造布、新型纺丝、新型纺纱、新型织造、新型缝制。如化纤高速纺丝和多孔纺丝设备，不

但提高化纤产量，而且改进了化纤的性质。棉型气流（转杯）纺纱推广使用于粗支产品的生产。棉型剑杆织机、喷气织机、丝型喷水织机的采用，大大提高了产量，4 色换纬的技术问题也解决了。大型簇绒机、无纬针刺毛毯机、高速经编机、大直径高速纬编机等产量很高，远非机织所能比拟。成衣电脑设计、电脑裁剪、快速缝制、成型整烫、粘合衬里等技术都先后试验成功。其中突出的是喷气纺纱（《纺织技术发展规律》），靠气流吹转加捻，没有实体的回转机体，真正做到"纺纱不用锭"，可以适应高速，且纱支可纺得比气流纺纱细。此机从日本引进后正在扩大"消化吸收"。片梭、剑杆、喷气、喷水织机改变了传统的以巨大梭子带着整个纬纱管来回穿行于梭口之中的不合理引纬方法。片梭改用扁形小梭，剑杆改用扁形长叉，喷气、喷水则改用多级喷嘴，用气流或水流把定长的纬纱段冲入织口。这样可以大大提高织机速度，减小振动和噪声。这些从国外引进的新型设备，均已大量国产化，可以逐步做到"织布不用梭"。

由于中国能源短缺，人力有余，资金不足，机器制造能力薄弱，地区发展极不平衡，所以在整个动力机器纺织发展阶段中，遵循的是下列方针：

a. 先以提高设备生产率为主，逐步转向提高劳动生产率。细纱坚持采用高速中卷装，比发达国家所采用的中速大卷装，虽然多用了若干人力，但可以节约用电 50%，而机器生产率却要高出 30%。

b. 先以改造旧机为主，逐步转向全套更新。在旧机改造方面，也是先以改造关键机头、关键零部件为主。例如，梳棉机改用全金属针布，加装真空吸落棉；细纱机改革锭子、锭座、轴承，改换新型钢领、钢丝圈等等，都促使机器生产效率显著提高。

c. 多层次的技术开发结构。引进、开发新型技术和把尖端技术引入纺织领域，费用极大，只能是小量试验，逐步扩大。对面广量大的生产，则着力推广行之有效的中等适用技术，以适应当前人员素质和国内配套水平。对于优秀的特色产品，则保留传统技术。例如，国外新型无梭织机售价极贵，在中国只能先推广简易式剑杆织机，小量研究高级无梭织机。优秀中国纺织生产在大工业化生产的前期，尚以引进外国技术为主，在发展阶段则转到以国内自己的技术为主，参考外国的经验，自力更生进行大规模的革新和改进。

(2) 已经取得的成就

到20世纪末，我国纺织工业取得的主要成就，有下列几个方面：

① 纺织工业布局的改善。中国近代纺织工业在兴起的头70年中，发展极不平衡。1950年以后，纺织工业开始了有计划按比例的建设。国家根据改善地区经济的需要，按照"就原料、就市场、就劳力"（向原料基地、消费市场和劳动力集中地区靠拢）的原则，发展内地和少数民族聚居地区的纺织工业，逐步改善了纺织工业的布局。到20世纪80年代初，内地的棉纺和毛纺锭数已分别占全国总数的40％和32％。西藏、内蒙古、新疆、广西、宁夏等过去没有近代纺织工业的少数民族聚居地区，都已分别兴建了适应当地原料资源和消费习惯的毛纺织、棉纺织和绢纺织等厂。通过新厂建设，中国已有了一支门类齐全的纺织工厂设计和施工的技术队伍。20世纪90年代开发大西北的方针，促进

了纺织工业布局进一步趋向合理。

② 天然纤维品种的改良。中国近代纺织工业初起时，人们已经认识到自力发展优良纺织原料，是摆脱对于外国依附关系的必由之路。如20世纪初，张謇在兴办纺织厂的同时，积极投资垦殖江苏省北部盐碱滩地，发展棉花生产，取得了成效。1950年以后，国家大力引进优良细绒棉品种，逐步推广，使棉花的亩产和棉纤维的长度等品质不断提高。国家对棉花的收购量1981年比1952年增加一倍以上。由于棉农精收细拣，棉纤维含杂比以前显著减少，这就为开清机械的简化提供了物质条件。从20世纪50年代起，新疆和内蒙古大型国营牧场引进优良羊种，对绵羊进行杂交改良，已经培育出新疆改良种和内蒙古改良种，大量生产改良细羊毛，质量接近美利奴羊毛。江苏、浙江和四川等省改良蚕种并加以推广，使蚕丝的质量和产量大幅度提高。1981年和1952年相比，羊毛和桑蚕茧的国家收购量都增长300％左右。苎麻、红麻（洋麻）、亚麻、柞蚕丝、兔毛等纤维原料也都在不断改良和增产。特别是20世纪70年代以后，良种兔在农村推广饲养，使中国成为世界上兔毛资源最丰富的国家之一。20世纪90年代前后，虽然有一些起伏，总的还是在发展。

③ 化学纤维工业的兴起。1950年之前，除个别日资工厂外，中国几乎不生产化学纤维。自50年代起开始引进黏胶纤维和维纶纤维的技术，60年代起又引进腈纶纤维的技术。在上海金山、辽宁沈阳、四川长寿、天津市和江苏仪征等处兴建大规模现代化的石油、天然气化工企业，以生产涤纶、锦纶和腈纶等合成纤维。同时开始发展改性纤维、特殊功能纤维、抗燃

纤维、高强度高模量纤维、耐高温纤维、弹性体纤维等新型化学纤维品种（《中国化学纤维生产史》）。

④ 纺织机械制造业的形成。1950年之前，中国只有少数几家从事修配和制造零部件，仿造个别机台的小型纺织机械厂，如上海大隆（图2-47，图2-48），因此几乎所有纺织机器都从外国购来，而且型号杂乱，规格多样。1950年以后，在对原有的纺织机械厂进行调整、扩建和改建的同时，在几个地区新建了大型纺织机械厂，并且按照专业分工、全国配套的原则组织起来。到20世纪80年代初，全国200多个纺织机械厂按主机分工、零部件生产、专用配套件生产、工艺专业生产等形式，组成了专业化协作网，已能生产棉纺织、毛纺织、麻纺织、缫丝与丝织、针织、印染、整理、化学纤维纺丝等1 500多种成套设备及其专、配件。生产能力达到相当每年100万棉纺锭以及相应规模的毛、麻、丝纺织染整设备。至20世纪70年代末，已有200万棉纺锭配套设备供应发展中国家。20世纪90年代前后，几个大的纺织机械厂引进了数控机床、全自动生产线、加工中心等智能化技术，并与国外先进的纺织机械厂合作，制作高度自动化的纺织机器。

图2-47　1937年上海大隆机器厂设计室
Designing Office of Dalong Machine
Factory in Shanghai in 1937

图2-48　大隆机器厂所造纺机
Spinning Machines Made by the
Dalong Machine Factory

⑤ 纺织机器的革新。1950年以来，中国生产的纺织机器，在总结实际生产经验和借鉴外国先进技术的基础上，进行了几次革新。革新的重点放在主要机种的关键部件上。例如，到20世纪70年代为止，先后对棉纺细纱机锭子进行了两次重大的革新：第一次把平面摩擦锭子改为轴承锭子，第二次又改为分离式高速锭子。在此基础上，棉纺细纱机（图2-49）的锭速由不到10 000转/分提高到15 000转/分左右。同时对梳棉机、并条机和粗纱机也进行了改造：梳棉机采取了高速措施，推广应用了金属针布；并条机改进牵伸机构，加快了速度；粗纱机由过去二程式改造成单程式。这些改革的综合效果是棉纱折合标准单位产量从18千克/千锭·时普遍提高到40千克/千锭·时左右，达到了世界先进水平。毛纺织行业中，旧的帽锭、翼锭、走锭等细纱机都由新造的环锭细纱机代替，大幅度提高了生产率。而且由于淘汰了复杂机种，更加便于管理（新型的电脑控制走锭机，由于成纱品质好，后来又有引进）。麻纺、绢纺的细纱机也依次作了相应的改革，制造出适用于这些行业的新兴环锭细纱机。针梳机、精梳机等也几次进行了革新。针织台车采用了多路进

线，提高了生产率。缫丝厂中劳动强度较高的坐缫车已为立缫车所代替，而且部分地采用了自动缫丝机。

图 2-49　现代细纱机
Contemporary Ring Spinning Frame

⑥ 科学管理的逐步推行。1950 年开始，国家建立了从中央到地方的各级纺织生产管理机构，逐步整顿纺织企业组织，健全职能部门，参照前苏联管理的模式，推行 8 级工资制和岗位工资制，制定劳动定额。1951 年中国纺织工会全国委员会在陈少敏倡导下，在全国范围推广了由青岛第六棉纺织厂 17 岁的女工郝建秀所创造的，并且后来以她的名字命名的细纱工作法，后又在上海许多织布女工经验的基础上总结出来五一织布工作法，1953 年又推广了在前中纺公司技术培训班经验的基础上总结出来五三保全工作法。与此同时，对产品、机器设备、工具等逐步制定部标准、行业标准或企业标准等技术文件，逐步走向标准化。20 世纪 90 年代前后，逐步向国际通用标准靠拢，推行 ISO-9000 质量管理体系认证和 ISO-14000 环保体系认证工作。

⑦ 新型纺织技术的开发研究。中国对于纺织新技术的研究在 1871—1949 年

期间进展不大。1950 年以后，纺织科学技术研究工作开始由国家统一规划组织。20 世纪 50 年代中期，组建了纺织科学研究院（北京）和上海分院，以及纺织机械研究所等全国性纺织科学研究机构。以后又陆续增设，到 20 世纪 80 年代初，毛纺织、丝绸、印染、化纤、针织等各行业以及重点省市都建立了专业的研究机构，也建立了附属科研机构。中国除了专职科研队伍之外，还充分依靠工厂企业的技术队伍，在科研工作中实行内、外两个"三结合"。20 世纪 50 年代末，开展了气流纺纱、静电纺纱、涡流纺纱、喷气织机、多梭口织机等新型纺织技术的探索研究。到 20 世纪 80 年代初，气流纺纱已与捷克转杯式技术融合，进行了批量推广。圆网印花机也得到推广。静电纺纱机、多色喷气织机（图 2-50）、转移印花机等已经开始中间性试验。喷气纺纱机、剑杆织机（图 2-51）、片梭织机（图 2-52，图 2-53）、涤纶高速纺丝机、泡沫染色机和整理机等的研制已取得相当进展。20 世纪 90 年代起逐步推行以企业为基地，实现产、学、研结合的科学研究体制，研究机构逐步实现企业化。

图 2-50　喷气织机
Contemporary Air Jet Loom

图 2-51　剑杆织机
Contemporary Rapier Loom

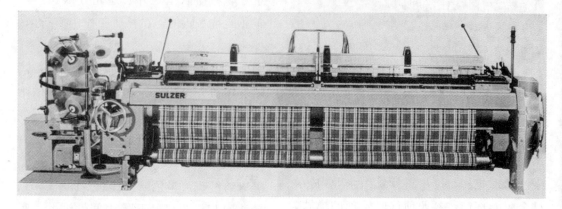

图 2-52　片梭织机
Contemporary Gripper Loom

图 2-53　片梭
Gripper

⑧ 纺织专门人才的培养。19 世纪末至 20 世纪初中国从蚕桑丝织业开始，接着是毛纺织、棉纺织等行业，陆续兴办纺织专门人才的各种技术学校。这些学校的毕业生加上从国外留学回来的工程技术人员，人数仍然很少。到 1949 年，整个纺织行业中工程技术人员总数还不到 7 000 人。1950 年以后新建了一批规模较大、专业齐备的综合性纺织大学和专业学院。20 世纪 50 年代，纺织工业部重视选送劳动模范和先进生产者入高等纺织学院学习，培养了大批生产和技术管理骨干。20 世纪到 80 年代初，中国有独立的纺织大学、学院和附设于其他学院中的纺织系（科）共 15 所，在校大学生达到 1 万多人。还有一批中等纺织技术学校，培养中级纺织人才。20 世纪 90 年代前后，随着形势的发展，高等学校逐步转向多科性、综合性大学，着重培养复合型高级人才。

⑨ 现代纺织品。现代纺织品不仅是服装面料，还包括家居装饰品和种类繁多的产业用品。下面一段话，作了大体的概括：

外护肢体，内补脏腑①。

上冲九霄②，下入黄泉③。

薄如蝉翼④，轻比鸿毛⑤。

坚胜铁石⑥，柔超橡胶⑦。

足以泸毒⑧，不惧电击⑨。

可以面壁悬梁⑩，堪当赴汤蹈火⑪。

似还翁妪以童颜⑫，真为战士添羽翼⑬。

护火箭头⑭，做防弹衣⑮。

冬暖夏凉⑯，吸碳吐氧⑰。

四维衣装⑱，十步清香⑲。

醒脑消疲⑳，舒筋活血㉑。

与文明齐终始，和人类共千秋㉒。

2.1.3.6 未来的纺织工厂

随着科技的进步，纺织工厂面貌今后会发生许多变化。但是可以预见，到2020年，纺纱还是大多用锭子，织布还是大多用梭子。也就是说，还不可能完全脱离"劳动密集"的模式。到2050年，则可能形成新、老多种形式纺纱，传统纺织与非纺非织工艺并存的局面。

① 现代纺织品像孙悟空，可以钻进肚子。例如人造血管，是针织经编产品，已用于临床；可吸收手术用缝线，已可不用拆线，也可免术后数月线头从缝合疮疤自动钻出之苦。

② 宇航员要在太空中行走，必须穿航天服。该服由六层构成，其内侧几层都是纺织品，有时太空行走连续七、八小时，无法回舱小便，今天婴儿和病人用的"尿不湿"纺织品，即是为此而发明。

③ 兴建机场、码头、高速公路，为免路基被水冲刷损坏，都用纺织品"土工布"衬垫。

④ 长沙马王堆汉墓出土汉代丝织禅衣，重量只有49克。罩在花衣服外面，则如雾中观花，若隐若现，分外美丽。

⑤ 现代丙纶纤维，密度只有 0.9 克/厘米^3，入水飘浮。

⑥ 碳纤维和以碳纤维为骨架的复合材料，坚牢胜过钢铁，而重量比铁轻得多。

⑦ 氨纶纤维如广告中的（杜邦）莱卡，可以拉长到原长的6倍，仍可复原。最适于作运动服与女装。

⑧ 特殊功能化学纤维具有化学活性，可作防毒面具等。

⑨ 纺织品"均压绸"，有高度电绝缘性，用柞蚕丝和金属丝制成，可用作50万伏高压电网上带电作业用的防护服。

⑩ "头悬梁、锥刺股""面壁十年"，原是形容古人苦读，这里则直其意而用之：贴墙布、挂毯、壁毯等室内装饰织物，可增加艺术韵味。

⑪ 古代有"火烧布"，脏了不用水洗而用火"洗"，这是石棉布，火烧不掉。一烧却把脏东西烧掉了。今日有许多耐高温特种纤维，见注⑭。

⑫ 60多岁的女演员要演20来岁的小姑娘，采用化妆面纱（薄的丝织品）贴在脸上，再加化妆，在摄影镜头中，就像是真的变年轻了，老翁化妆成小伙时也适用。

⑬ 降落伞早期用真丝制成，取其强度好，又滑溜，易于打开，现今用强力化学纤维制作，对空降兵真是"如虎添翼"。

⑭ 今天已开发出许多能耐超高温的化学纤维，以其为骨架制成复合材料，包覆于航天火箭的头部，则当其进出大气层高速与空气摩擦产生6 000 ℃温度下，仍不致受破坏。

⑮ 尼纶防弹衣，二战之前已有。现在更进一步，现我国正在研制能冲锋枪近射的防弹服。

⑯ 1克水汽化时，能吸收使500克水降低1℃的热；如冻冰，则能放出使75克水升高1℃的热。现在已找到石蜡等物质，沸点为40 ℃，而冰点为5 ℃，用微胶囊装入这种物质，织入衣服之中，则当外界炎热时，汽化吸热，外界寒冷时又凝固放热，成了神仙般的空调服。

⑰ 一种化学功能纤维，能够吸收空气中的二氧化碳，而吐出氧气，似有叶绿素的功能。

⑱ 现代衣装都是 X，Y，Z 三维立体。现今正在研究加上第四维时间 T，即衣装的尺寸在一定范围之内可随时间而变化，这特别适合小孩服装，一定范围内会随孩子长高、长大，衣服自动变长、变大。

⑲ 日本在研究"森林浴纤维"，采用松林里的松树残枝、落叶、松果等经加工提炼出松香素，把它注入衣用纤维中。则此衣可以长期发出阵阵松树香味，使人如处在松林之下。

⑳ 现正在开发衬衣会发出刺激神经的气味。开汽车时，穿此衬衣则精神一直振奋，不会因疲劳而打瞌睡。

㉑ 中国罗布麻可作降血压药。用罗布麻纤维制作内衣，日本研究已证明对降血压有效。纤维中如加入遇热会发射远红外线的陶瓷粉末，则此纤维做的衣服，在体温与外界温度作用下，会发出 $5\sim15\ \mu m$ 波长的远红外线。此波正好与人体细胞内水分的自振频率的波长相当，于是体液便发生共振，而起活血化瘀的作用。

㉒ 从人类文明史看来，最早的衣装是挂在胯部的"遮羞布"，其作用实际不是遮羞，而是避免近亲男女之间的性关系，从而达到优生目的，这是那时人已知道生理（性欲）和伦理（优生）的统一，是文明的表现。

工厂面貌的改变速度，是以科技进步和物质、精神准备为基础的。从纺纱来说，尽管已经出现好多种"新型纺纱"方法，可是还没有一种具备环锭机的全部功能。以最成熟的气流纺纱为例，西方专家从其适纺纱号认定，气流纺纱头数以约占环锭总数的6％为宜。可见充其量也还有94％的环锭没有什么成熟的技术装备来替代。就以这6％数字来看，全世界总锭数1.6亿，气流纺可达960万头。所以即使在不久的将来，能代替环锭纺的真正新型纺纱机研制完成，要用它来取代我国现有4 000多万环锭，恐怕得花几十年的时间。再从织造来看，尽管已经有了多种成熟的无梭织机，但从1965年到1980年这15年中，无梭织机总台数从4万台只增加到5万台左右，要全部替换，也得花几十年的时间。

那么，是不是可以花些钱把全世界大部分新型纺织机都买下来，从而迅速改变我国纺织工厂的面貌呢？实践证明这也是做不到的。撇开经济因素不论，单从技术上看，前些年全国各省盲目引进了许多外国先进纺织设备，其中有一些是高度自动化的。但是，第一，自动化程度越高，消耗能源越多，我国纺织厂用电都有限制；第二，自动装置技术密集，我国职工一下子又摸不透葫芦里卖的什么药，损坏了不知从哪里入手去修；第三，易损配件、零件及电子元件我国没有同样规格、质量的现货供应，进口得花大量外汇，不进口则坏一件少一件，到头来"自动变手动、手动变不动"，索性拆掉算数。要求我国纺织厂都有能够检修自动装置的技术力量，市场能供应各种规格的合格元件、配件，恐怕连大城市也得花几十年，就全国而

论，必然需要更长时间来创造条件。

但是我们不应由此得出悲观的结论。因为上述是从全局、从整体来说的。至于个别地区，个别试点实验厂，那就是另外一个样子。这种试点厂可以集中当时所能得到的一切适用的先进技术装备，给予优惠的用电照顾，配备挑选出来的经过专门训练的高水平职工队伍，像以前保证国防工业那样保证供应合格配件和电子元件。那么这些少数工厂就可能在不太长的时间内在劳动生产率、劳动环境、服务机能等方面出现崭新的面貌。这种试点工厂首先将产生于技术先进的大城市如上海、天津等地。他们的成功经验将逐步向重点工厂推广，然后根据物质条件和教育文化事业的发展程度，像波浪一样，一层一层地推开。这样经过一二百年的努力，纺织行业将最终由"劳动密集"型向"技术密集"型转化。

上述试点工厂将是什么样子？下面作概略的勾画：

(1) 工厂的类型

试点工厂将按"工艺分段、干支配套"的原则来划分业务范围。按照工艺，工厂将分为原料准备、纺纱、织造、染整、成品加工等各段。每段的内容与目前相比，将有许多变化。

原料准备将在现有轧棉厂、洗毛厂、缫丝厂、麻类初加工厂的基础上，发展成为机械加工和生物、化学改性处理相结合的大规模的初步加工厂。这种工厂将分别建在棉、麻、丝、毛产地的中心。各种天然纤维经过改性处理后，不但保留原来一切优良性质，染上色谱齐全的色彩，还被赋予某些目前属于合成纤维突出优点的服用性能，如免烫、耐洗、防蛀、快干等。

多数初步加工厂将配备制条机器,如轧棉厂将以梳棉棉条为产品,洗毛厂的精纺用毛将以精梳毛条形式出厂,麻类初加工厂将有联合制条机组生产长纤维麻条。这些工厂中将配有全套自动仪器来检验原料与产品的质量,并按国际公定标准按型号生产系列产品。

未来的化纤厂将更多地与直接制条联系起来,切段纤维的生产将减少。化纤和化纤条都经过原液着色,染成色谱齐全的色彩,而且被赋予某些目前属于天然纤维特色的服用性,如吸湿性、卫生性等。化纤与化纤条也将按国际公定标准按型号成为多样化的系列产品。

各大纺织中心城市将建立大规模的原料库、产品库及原料、产品调度中心,利用计算机网络与各化纤厂、加工厂、本地区各纺织厂、各地贸易部门建立联系。调度中心将按市场信息、原料信息及本地区各厂技术数据,提出各厂最优生产方案及原料、产品最优调运方案,供有关企业选择使用。

未来的纺纱厂将由现在的棉纺厂、毛纺厂、麻纺厂、绢纺厂逐步"求同存异"归类成为甲乙丙三类纺纱厂:甲类是棉型的,适于加工 75 毫米以下的棉、短麻、短毛、短丝等各类天然纤维及化学纤维。使用以现有棉纺和中长纤维设备为基础改进的系统。特点是工艺简短,速度高、成本低,主要生产面广量大的品种;乙类是毛型的,以目前精梳毛纺设备为基础改进,适于加工 76～250 毫米的毛、麻、绢各类天然纤维与化学纤维。特点是加工细致,产品富有特色,主要生产小批量多品种的产品;丙类为与目前粗疏毛纺相似的粗纺系统,可利用各种下脚、短毛、短麻、短丝及再用原料,生产价廉物美的呢类、毯类产品。除了丙类以外,大多数纺纱厂从条子开始加工,因此工序大大简化,设备共性大大增强。

未来的织造厂将有多种形式:甲类是集中型的,以今天的棉织厂为基础改进而成,采用平织机和多臂机生产面广量大的品种;乙类是分散型的,将具有今日中小型毛织厂相仿的规模,采用多臂机与提花机灵活地生产多种多样小批量精致产品;丙类为簇绒、针刺以及各种非交织方法生产平幅产品的工厂;丁类是采用经编、纬编、织编等各种针织技术生产平幅或成件产品的工厂。

未来的染整工厂也将多半是中小型的,各厂将发挥本厂产品的特殊风格和服用特性。多数厂的染整车间与各类织造厂组成联合厂。染整加工由于采用了溶剂法、泡沫法、超临界、生化法等新技术,用水量、排污量大大减小,因此厂址无需靠近水源,布局将更趋合理。未来的成品加工不仅是服装厂,还将包括各种装饰用品,如沙发套、床罩、壁挂装饰品、工业用品,和人造脏器、降落伞、宇航服等在内。

各个纺织企业将有高度的明确分工,通过中央管理部门计算机网络的设计,不断地按市场动态调整自己的生产计划。

(2) 工厂的技术特征

未来纺织工厂将充分利用当代科技新成果,单元机台如梳理机、精梳机、并条(针梳)机、细纱机、整经机、织机、染色机、整理机等将高度自动化、通用化。有的则是整机通用化、部件专用化,如精梳机只有两种机型:甲型适于 75 毫米以下纤维,乙型适于 76～250 毫米纤维;乙型更换针板后，可用于毛、麻、绢各类纤维。梳理机采用积木式，各梳理单元可以按加工要求灵活组合。

自动化的单元机台加上联动控制线路和半制品自动传送装置，就可构成自动生产流水线。流水线可以形成多旁路的积木形式，通过切换旁路和改变流程，就可满足不同的生产工艺要求。

每个单元机台上将配有在线自动监测传感器，组成自动调节回路。检测结果还将在中心控制室屏幕上显示，并摘要打印在纪录纸中，遥感遥控技术使中心控制室有可能对所有生产线进行监控和调整。

原料将按调拨中心的型号单配用，半制品和成品将由全套自动仪器取样、检验。成品检验结果将自动对照标准进行分等分级，并打印型号，自动分别打包运出。

由于单元机台都组织在自动流水作业线中，搬运半制品、清扫机台等已不再需要人工，因此工作人员就不再像今天这样分为工人和技术人员，而是一批人数不多的纺织、化工、电子、自动化等方面的技术专家。这些人既要有高度文化科学知识，又要有操纵、检修自动设备的能力，既是技术员，又是工人。在夜间，全厂机器可以在自动系统监控下自动工作，所以除了总值班室之外，不再需要夜班挡车工。

未来的成衣车间将运用全息摄影来"量体"，然后通过电子计算机图像处理，自动放样；再用自动裁剪机按样裁成衣片，自动缝纫机缝合，自动熨烫机熨烫成形装箱。所有高级的服装，都将采用这类单件生产的方式。至于便服则将是分成多种型号尺寸的系列产品，全息摄影和计算机图像处理将为每个顾客快速选出最合身的服装型号，电视传送将使顾客有可能坐在家中电视机面前，即可定购最合身的服装。

未来纺织工厂生产率的提高通过两个途径来实现：一是高速高产，采用高速高效的自动机器；二是低速高产，通过改变工艺原则，来挖潜力，提高生产。如织机在采用多段波形开口后，降低梭子的速度却仍可大幅度提高总入纬率。针织多路进线也能低速高产。总之，生产节奏将保持在不使人的神经过度紧张的适当水平。

（3）工厂的内外关系

未来纺织厂的最终产品是服装、装饰用品和工业用品。这些产品除了服用性、安全卫生性之外，还要符合美观的要求。某些装饰品如壁毯等本身就是一种工艺美术品，因此纺织工厂不再是单纯技术工作部门，还需要有艺术创作的人才。在纺织工厂内工作的，最终将是工程师兼艺术家。

人们的需求是日益增长的，随着人们生活水平的提高，人们对纺织品的要求也越来越多，在御寒需求已经满足的今天，美的要求，特殊功能（如保健）的要求将日益突出，几年一贯制按老工艺老规格组织生产已经不合时代潮流了。因此工厂工作已不是单纯维持生产或简单扩大再生产，而必须在原来的基础上，不断研究开发，推陈出新。

纺织工厂不仅要与消费者联系，取得市场信息，还要与材料供应部门——供应天然纤维的农业和畜牧业部门，供应化纤、染整原材料的化工部门联系，使不论是天然纤维还是化学纤维都能随着市场需求发展，而不断改进其性能。这里就有生物基因工程、仿生学等学科发挥作用的广阔天地。

(4) 工厂的环境

未来的纺织工厂将有优美的内外环境。厂房周围和建筑物之间都是绿化地带，厂房是完全密闭的，房顶门窗和墙壁结构将能保证车间不受外界气候的影响。车间内实行完善的空气调节，送入的空气将是经特殊处理（例如添加空气负离子和适量的氧）的与山区林间相仿的人造新鲜空气。需要特殊温、湿度的机台，采用密闭的微气候调节器，使它们对整个车间温湿度不发生影响。车间温度调节将更多地利用太阳能。车间将不再看到显见的电灯，采光利用隐形灯的反射光，色彩柔和宜人。工作区能在人走近时，自动增加局部照明。各种机器都是封闭的，尘屑、下脚通过管道送往集中点，无须逐台清除。机器结构设计与材料选择，保证把运转噪声降至最小。天花板、墙壁和地板都利用特殊的吸声吸震材料，梁柱将设计成树木绿荫的外形，无线电喇叭里不断放出蝉鸣、鸟语和幽静的轻音乐。

车间内附属生活设施是用活动隔墙分隔成小间的。折叠式的家具经过精心设计既舒适又美观。大型箱柜等都有轮子，可以自由轻便地搬移。所有的地面铺着犹如绿茵的地毯。

车间内外联络既有计算机网络终端，又有个人使用的手机。工厂总控制室随时可以与任何车间任何工作人员联系对话。工业电视系统可以提供开电话会议的条件，使"开会"在工厂不再必需。

工厂的热源是城市供热系统和太阳能，因此锅炉不需要了，大烟囱也不再有了。原料、材料进厂和成品出厂，由成套自动机组完成运输、堆放、吊装。而且利用集装箱技术。

厂部研究实验室将装备各项测试仪器与模拟实验机台组合。资料室里用缩微和数字化技术存放比现在大学图书馆更为丰富的资料，但场地都缩小为一小间。计算机检索网络还可以与国内外检索系统联机。产品设计室将是一座室内花园式的艺术设计场所，录像系统和卫星电视可以把各国优秀产品彩色全息图像，随时展现在设计人员的面前。

由于工作条件的改变，工人的性别限制消失了，在纺织企业工作的不再主要是"织女"了。工作时间也不再是划一的八小时工作制，或者"四班三运转"，除值班人员外，将实行浮动工时制和计件包干制，有的工作可以带回家去，在计算机终端前完成。

上述大部分是现在的技术能够做到的，少量是合理的预测，在不远的将来，技术上也将是可行的。在经济上要建成一两个这类试点厂也不是十分困难。但要全面普及，则就需要五代到十代人的共同努力奋斗，积累十分大量的"物化劳动"才行。到那时，体力、脑力的差别将消失，按需分配的物质基础也就具备了。"前人栽树，后人乘凉"，欲求子孙万代的幸福，还得从今天的努力开始，让几代人的千万双手在祖国大地上建起一座座的"纺织乐园"吧。

2.2 世界纺织史

研究世界纺织生产的起源、发展及其规律，是以纺织技术发展的历史为核心，旁及考古学、民族学、历史地理学、经济史、交通史和工艺美术史等许多领域。

纺织生产技术是世界各族人们长期创

造性劳动积累的产物。世界三大文明发祥地对于发展纺织技术都有突出的贡献。纺织技术在历史上经历了两次重大的突破或飞跃：① 手工机械化，即手工纺织机器的全部形成；② 大工业化，即在完善的工作机构发明后开始的近代工厂体系的形成。第一次飞跃约在公元前500年开始于中国，经历10来个世纪逐渐普及到世界各地；第二次飞跃在18世纪下半叶发生于西欧，推广的速度比第一次快，但也经历了一个世纪。20世纪下半叶，发达的资本主义国家纺织业开始衰退，发展中国家的纺织业则逐渐兴起，全球范围内纺织生产力布局趋向平衡。

2.2.1 原始手工纺织

世界各个地区开始纺织生产的时间迟早不一，大约公元前5000年，世界各文明发祥地区都已就地取材开始了纺织生产。如北非尼罗河流域居民利用亚麻纺织，中国黄河、长江流域利用葛、麻纺织，南亚印度河流域居民和中、南美印加、玛雅人民均已利用棉花纺织，小亚细亚地区已有羊毛纺织。这个时期的原始纺纱工具纺专和原始织机零件已在中国河北、浙江，南亚印度河流域和北非埃及等地区出现。纺专有竖式和卧式两种。希腊保存的公元前550年的花瓶上，有用吊式纺专纺羊毛的古代手纺图像；中国西南部少数民族则保存了倚膝立式（竖式）纺专纺纱的古代工艺；南美安第斯地区则把卧式纺专放在腿上纺纱。

原始织机有悬挂式和平卧式两种，平卧式织机的两根轴用四根木桩固定于地面上，称地织机。埃及出土的公元前4000年的陶碟上绘有这种织机的图像（图2-54）。

图2-54　埃及陶碟上的地织机
Ground Loom on a Pottery Plate (Egypt)

还有一种织工用双脚抵经轴的平卧式织机，而把织轴缚于腰间，是原始腰机。秘鲁出土的公元前200年的陶碗上绘有古老的原始腰机图像（图2-55）。

图2-55　秘鲁陶碗上的原始腰机
Breast Loom on a Pottery Bowl (Peru)

悬挂式织机的经轴挂在上面，经纱靠自身重量或悬吊小锤自然下垂，依次织入纬纱。北美奥杰布韦部落曾用这种织机编织麻袋，称竖织机（图2-56）。

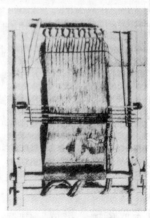

图2-56　竖织机
Vertical Loom

另有一种狭幅的织带机用方形或多边形综版开口，称综版织机。在埃及公元前900年以及北欧斯堪的纳维亚地区公元前200年的遗物中，都曾发现有这种织机。原始织机最初是直接用手指分开经纱，后来改用棍子开口兼打纬。这种棍子逐渐演化，在形状、粗细和功能上有了区别，即有了综竿（或综杆）、分经棍和打纬刀的分工。综竿也由一根发展到数根或十数根，以适应织花纹的需要。综竿位置也从两组经纱之间，移到经纱平面上方，绕于竿上的综环则下垂而逐一套在一组经纱的每一根上，形成吊综竿。这种吊综竿加上外框，就是后来广泛使用的综框。墨西哥格雷罗和北美洲西南普韦布洛地区的传统竖织机上，还保存着这种早期样式的综框。

人类在旧石器时代已使用矿物染料着色，如中国山顶洞人和欧洲克罗马农人。世界很多地方都发现了古代着过色的织物。中国在公元前3000年，已使用植物染料茜草、靛蓝、菘蓝、红花等。印度在公元前2500年使用茜草和靛蓝，埃及在公元前2000年使用菘蓝和红花，秘鲁地区居民很早就掌握了制取虫红染料的方法。

新石器时代的纺织产品，主要是各种短纤维织物。如北非尼罗河流域的亚麻织物，南亚恒河、印度河流域的棉织物，南美华加普利安特地区的棉、毛交织布和玛雅人织制的棉、剑麻交织布，里海、爱琴海沿岸和西亚两河流域的毛织物，中国黄河、长江流域的丝织物。在这些织物上，有的用手绘花纹，有的用织纹构成简单图案，有的用刺绣。有人认为高加索地区的古代居民甚至已有了原始印花。

2.2.2 手工机器纺织

原始手工纺织生产经历了漫长的历史演进，各地区或先或后地出现了由原动机件、传动机件和工作机件三部分组成的手工纺织机器，如手摇纺车、缫车、脚踏织机等。尽管原始纺织工具纺专和原始腰机等还在部分地区继续沿用，但由于手工纺织机器的配套，各先进地区进入了手工纺织机器的历史时期。手工纺织机器通过传布、交流而逐步完善。最后，随着较完整的工作机件的产生，为转变到集中性动力机器大工业生产，准备了技术条件。

中国大约在公元前500年已基本完成手工纺织机器的配套（《中国纺织史》）。古代埃及也曾使用亚麻纺车（图2-57）。

图2-57　埃及亚麻纺车图
Egyptian Flax Spinning Wheel

在织机方面，中国以外除朝鲜、日本、波斯（今伊朗）、中亚等地外，进展较慢。挪威奥斯陆出土了公元9世纪的综版织机配有52片木综版（图2-58）。而在公元

图2-58　挪威出土综版织机
Card Loom Unearthed in Norway

1200 年前后，两片综的脚踏织机才在其他地区逐渐广泛使用。

16 世纪以后，欧洲手工纺织机器开始有了较大的改进。1533 年德国于尔根（J. Jurgen）制成装有翼锭和筒管的手工纺车，使加捻和卷绕动作可以同时连续进行，使纺车的生产率大大提高（图 2－59，彩图 4）。

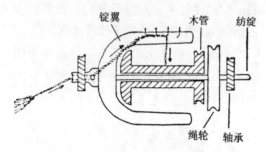

图 2－59　Saxony 纺车示意
Construction of Saxony Spinning Wheel

1764 年英国哈格里夫斯（J. Hargreaves）制成竖式 8 锭珍妮纺车（Spinning Jenny，图 2－60），把预先制成的纤维条用罗拉（上下互压可同时回转的铁棍）喂入，从而摆脱了喂入纤维的手工方式。不久，手工操作的翼锭式罗拉纺纱车和走锭纺纱车相继出现。

图 2－61　17 世纪法国戈布兰织机
French Goblin Loom in 17th Century

图 2－60　珍妮纺纱车
Spinning Jenny

织机在欧洲直到 17 世纪，仍多沿用比较原始的形式。如法国生产著名的提花毯的戈布兰织机（图 2－61）仍使用综竿和分经棍。18 世纪以后，织机在欧洲取得较大的改进。1733 年英国人凯（J. Kay）发明手拉机件循筘座投梭的装置（飞梭，图 2－44），其后升降梭箱也创造出来。这是继脚踏提综之后的又一个划时代的发明。中国花本提花机（花楼机）经欧洲人逐步改进，到 18 世纪末法国人贾卡（J. M. C. Jacquard）制成人力发动的纹版提花机。1589 年英国人李（W. Lee）制造出手工针织纬编机，1775 年英国人克雷恩（J. Crane）制成针织经编机。

染整的机械化进展更晚，手工生产方式延续了更长的时间。古印度人在 4 世纪前后掌握了扎结染色，古埃及人在 9—10 世纪学会了蜡防染色。这两个地区很早就已使用模板印花。欧洲在 12 世纪以前，印花技术只是在少数地区流传，如西欧的莱因兰。到 17 世纪德国人学会了蜡防染色，英、法、荷兰等居民则学会用茜草媒染。17 世纪末到 18 世纪初，欧洲开始出现滚筒印花。1785 年英格兰人贝尔（T. Bell）综合前人成果研制成功滚筒印花机，使印花生产达到连续化。

在纺织产品方面，中国古代彩色提花

的织锦技术对日本、波斯、罗马等地影响很大，印度公元前 300 年生产的精美印花棉织物麦斯林薄纱对欧洲也颇有影响。波斯织品在公元前 4 世纪已享盛名，萨珊王朝（229—651 年）时期以丝、毛为原料的斜纹重纬多彩提花织物受到世界各地人民的欢迎。埃及在 3—12 世纪生产的以亚麻和毛为原料的提花挂毯，7—10 世纪秘鲁的棉经、驼羊毛纬的蒂华纳科织物，10—12 世纪拜占庭的织物，巴格达、叙利亚、埃及和西班牙的伊斯兰教主题纹样的织物都曾广泛流行。12 世纪以后，波斯和意大利开始生产天鹅绒（类似漳绒）。13—14 世纪受中国纹样影响的意大利卢卡丝织物、法国毛织挂毯、英国刺绣丝织品等，成为欧洲著名的品种。16—17 世纪波斯天鹅绒和栽绒地毯，意大利和佛兰德亚麻单色提花织物，法国里昂丝织物、丝织挂毯、针织花边等相继盛行。印度的棉花布在欧洲也极为流行。这个时期日本产品在中国、印度等产品的影响下，形成具有民族特色的风格，如著名的友禅染等（彩图 50～61）。

2.2.3 大工业化纺织

18 世纪下半叶，产业革命首先在西欧的纺织工业开始，机器把工人的手，从加工动作中初步解脱出来，为利用动力驱动的集中性的工业生产方式准备了条件。

2.2.3.1 纺织生产机械化

18 世纪，欧洲资本主义生产方式逐步建立，贸易大为发展。殖民地的占领，又提供了广阔的原料产地和销售市场。手工纺织机器工作机件的一系列改进，使得利用各种自然动力代替人力驱动的集中性生产成为可能。18 世纪 70—80 年代欧洲广泛利用水力驱动棉纺机器。到 1788 年，

英国已有 143 家水力棉纺厂，图 2-62 所示为当时所用的水力纺纱机。18 世纪末，纺织厂开始利用蒸汽机，从此家庭手工业生产逐步被集中性大规模工厂生产所代替，图 2-62 所示为 18 世纪英国纺织厂车间面貌。纺织生产的大工业化，反过来又促进了纺织机器更多的革新与创造。1825 年英国罗伯茨（R. Roberts）制成动力走锭纺纱机，经不断改进，逐渐推广使用。1828 年，更先进的环锭纺纱机问世，经过不断改进，得到广泛使用，到 20 世纪 60

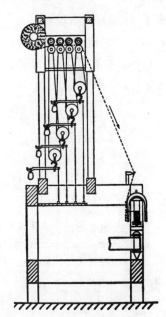

图 2-62 水力纺纱机
Spinning Frame Driven by Running Water

图 2-63 18 世纪英国纺织厂
A Mill in England in 18th Century

年代，几乎完全取代了走锭纺纱机。日本在学习西方技术的基础上，自行研制了多锭大和纺纱机（图2-64）。自从翼锭和环锭的发明，使加捻和卷绕两个动作可以同时进行，从而提高了生产率，图2-65所示为翼锭罗拉纺机。但是，加捻和卷绕由同一套机构（翼锭或环锭）完成，限制了成纱卷装的尺寸。卷装尺寸与机器运转速度之间产生了矛盾。要解决这个问题，只有把加捻和卷绕分开，各自由专门机构执行。20世纪中叶，各种新型纺纱方法相继产生，如自由端加捻的转杯（气流）纺纱、静电纺纱、涡流纺纱、包缠加捻的喷气纺纱、加捻并股的自捻纺纱等，从而逐步走向消灭锭子。

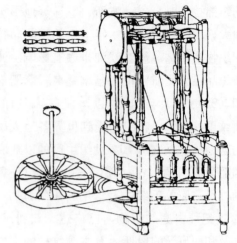

图2-65 翼锭罗拉纺机
Roller Spinning Frame with Flyers

织造方面，自从1785年动力织机（图2-66）出现后，1895年制成自动换纡装置，形成自动换纡织机，1926年制成自动换梭装置，形成自动换梭织机，从而使织机进一步走向自动，但引纬仍利用梭子。为了引入很轻的一段纬纱，要让质量为几百克至上千克的梭子来回迅速飞行，是能源的极大浪费。20世纪上半叶，相继出现了不带纡管的片梭织机，用细长杆插入纬纱的剑杆织机，以及用喷水、喷气方

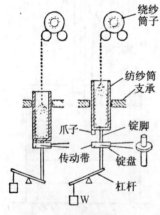

绕纱筒子

纺纱筒子
支承

爪子

锭脚

传动带

锭盘

杠杆

W

（a）原理图

（b）全机图

图2-64 日本大和纺机
Japanese Gara Spinning Frame

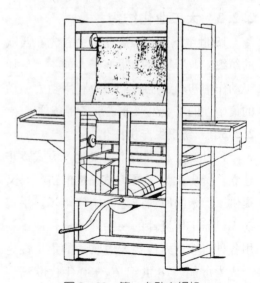

图2-66 第一台动力织机
The First Model of Power Loom

法入纬的喷射织机（图 2-50～2-52），等。这使得有可能从根本上消灭梭子，从而取消卷纬工序，同时大大提高织机速度，降低噪声，但是打纬无法避免，因此织机仍为往复式，噪声和速度的限制还不能突破。循环运动的圆形织机尚在研究之中。

2.2.3.2 染整技术的发展

纺织化学工艺从 18 世纪开始也有很大的进展。欧洲一些化学家对染料性能和染色原理的研究，首先做出突破。到 19 世纪以后，人工合成染料取得了一系列的成果。如苯胺紫染料（1856）、偶氮染料（1862）、茜素染料（1868）、靛蓝染料（1880）、不溶性偶氮染料（1911）、醋酸纤维染料（1922—1923）、活性染料（1965）等。合成染料的制成，使染料生产完全摆脱人对天气的依赖，使印染生产进入了新时期（当然，后来发现，随着合成染料的使用，环境污染也增加了）。同时，浸染、轧染的连续化，溢流染色等新工艺的产生，各种染色助剂和载体及相应的染色设备的问世，使染色逐步实现了机械化大工业生产。印花也逐步实现了自动化，滚筒印花、圆网印花等机器先后投入生产。但是某些特别精细的印花品种，仍用半自动或手工操作。19 世纪以后，纺织品整理技术的发展也很快，新型整理方法不断出现，轧光、拉幅、防缩、防皱整理、拒水整理、阻燃整理等工艺得到不断完善，适应化纤制品的各种染整新工艺也已经配套，生物酶处理、等离子体处理、二氧化碳超临界处理等技术已进入使用阶段。

2.2.3.3 化学纤维的产生与发展

纺织进入大工业化生产时期以后，规模迅速扩大，对于原料的需求，促使人工制造纤维技术的发展加快。17 世纪以来人们的一些尝试，在化工技术和高分子化学发展的基础上，不断取得进展。19 世纪末，硝酸人造丝和黏胶人造丝开始进入工业生产。20 世纪上半叶，腈纶、锦纶、涤纶等合成纤维相继投入工业生产。人工制成的化学纤维品种很多，有的具有比较优良的纺织性能和经济价值，生产规模不断扩大；有的则由于性能不佳，或者经济上不合算，或者产生严重环境污染，而趋于淘汰。以后，人们致力研究，使化学纤维具备近似天然纤维的舒适性能，或者具备天然纤维所不及的特殊性能。于是，改性纤维和特种纤维的开发工作不断取得重大进步，高性能、高功能、智能化新纤维不断投入使用，产业用纺织品和纤维复合材料正渗透到各个应用领域。

2.3 纺织技术发展规律和趋向

综观纺织技术的发展过程，可以看出若干规律。现以最基本的纺纱和织造中的机织为例，略加说明。

2.3.1 纺纱技术发展规律

纺纱技术的发展见表 2-3。

纺纱最早用手搓绩，不用锭子，从纺专起，一直到气流纺，都用锭子或变形锭子，喷气纺（图 2-67）则不用锭子。纺专的锭杆竖立使用，手摇、脚踏纺车的锭子则卧倒使用。多锭纺纱车到各型动力纺机，又把锭子竖立起来使用。加捻与卷绕机构在历史上是"合久必分，分久必合"。可见每一种新机具的出现，都否定了它以前的旧形式的不足，而继承了其优良之处。但在新的发展条件下，以前曾被否定的东西，有可能以另外一种形式重新加以利用。跳出旧框框的新型纺纱方法，就是在几千年的演变中，由量变发展到质变的飞跃而产生的。可用方框图表述为图2-68。

表2-3 纺纱机具的发展

机　具		原始工具纺专	手工机器纺车			动力机器纺机			
			手摇	脚踏	多锭	走锭	环锭	气流纺	喷气纺
每单元锭子数		1	1～4	3～5	30～40	300	400	200	400
锭子状态		立	卧	卧	立	立	立	立	无
加捻与卷绕	机构	合	合	合	分	合	合	分	分
	动作	交替	交替	交替	同时	交替	同时	同时	同时

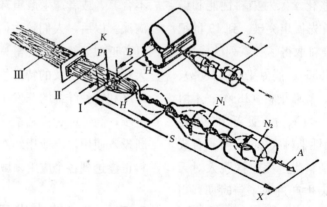

I，II，III—牵伸罗拉钳口　X—引纱罗拉钳口　Z—纤维条喂入　A—成纱输出　K—集束器
B—牵伸区端的纤维须条阔度　P—牵伸上皮圈压力　S—纺纱张力区　H—牵伸区与喷射区之间距离
N_1—第一空气喷射（加压力 P_1）　N_2—第二空气喷射（加压力 P_2，$P_2 > P_1$）

图2-67　喷气纺纱示意
A Sketch of Air Jet Spinning

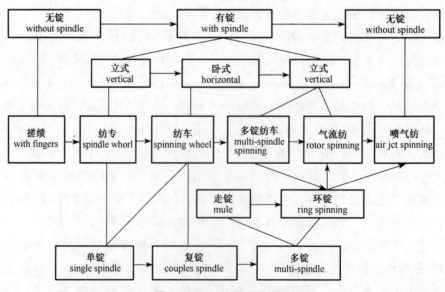

图2-68　纺纱机具的发展
Development of Spinning Instruments

2.3.2 机织技术发展规律

机织技术发展见表2-4。

表2-4 织造机具的发展

机 具		原始工具 腰机	手 工 织 机			动 力 织 机			
			斜机	多综 多蹑机	提花机	平机	多臂机	提花机	喷射机 剑杆机
开口机构	综	综杆 单→多	综框 单→双	综框 →多	花本 竖→环 单→多	综框 复→多	综框 →多	纹版链	综框 复
	蹑	无	单→双	→多 →组合	结合多 综多蹑	→踏盘	纹链	无	踏盘
持纬机构 打纬机构		纡管 ➘刀杆 打纬刀	梭 ↗ ↘ 筘	梭 打纬刀	梭 筘	梭 筘	梭 筘	气流管 道筘或变 形筘

由织机的发展历史可见，织纹信息存贮器最早是水平排列的综竿或综框，以后发展成竖直的小花本，后来又变为水平环状的大花本，最后是环状的纹版链。开口的发动器在原始腰机上用手提而无蹑，手工织机上则由单蹑到双蹑到多蹑。在采用组合提综法后，蹑又减少，到纹版提花机就不用蹑了。这些发展可用框图表示为图2-69。

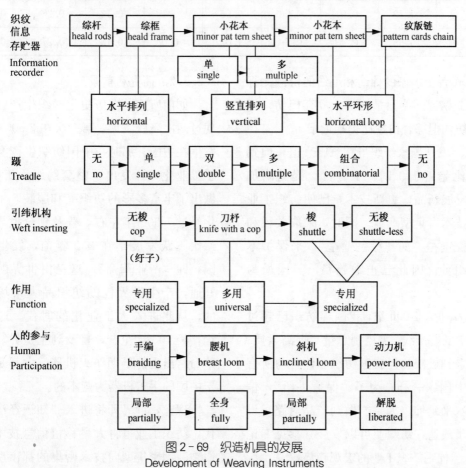

图2-69 织造机具的发展
Development of Weaving Instruments

2.3.3 世界纺织工业发展趋势

2.3.3.1 纺织生产宏观市场规律

① 纺织品为消费品，其需求量与人口数量及生活水平成正比；其供给量则与生产能力成正比。

② 世界作为一个大经济系统，纺织品总供给必与总需求相平衡，因为供过于求，必自然减产；求过于供，必自然增产。

所以，生产能力规模必与人口需要相当。

③ 中国也是大经济系统，则中国纺织生产能力所占世界份额，必与中国人口所占世界份额相当。

④ 定义份额比 R 为生产能力全球份额对人口全球份额之比，则 R 值将趋近于 1。20 世纪后半叶的实践证明了这一点（表 2-5）。

表 2-5　1965—1995 年间主要国家的棉、毛纺织份额比的变化

份额比	棉 纺 织				毛 纺 织			
	1965	1975	1985	1995	1965	1975	1985	1995
英 国	2.6	1.2	0.47	0.25	12.5	5.3	3.0	4.1
美 国	2.7	2.3	1.9	0.98	1.4	1.2	1.3	1.3
日 本	3.4	2.9	2.3	1.3	3.2	5.0	3.1	2.6
印 度	0.89	0.91	0.96	0.95	0.10	0.12	0.20	0.21
中 国	0.35	0.43	0.59	1.02	0.08	0.10	0.27	0.74

⑤ 各个国家的棉纺和毛纺的份额比都在向 1 靠近。英国是特例，放弃棉纺，保住毛纺，但综合份额比仍趋近于 1。

⑥ 发达国家纺织虽在急剧衰退，但到份额比趋近于 1 时，千方百计提高附加值，发展新品，更新技术，已使纺织工业成为技术密集型产业。同时，采取关税和非关税壁垒，如"绿色壁垒"，来保护本国纺织业。因此已止跌趋稳，美国最为明显。

⑦ 进入 21 世纪，我国棉纺织已超过 $R=1$ 的基准线，需控制总量，提高素质；毛纺未到极限。但我国纺织总体，与所有发展中国家一样，为了"保障供给"，偏于低水平延伸。如果能做到产品对路，设备逐步改造，纺织业可以发展（参见专论 4.2.3 棉毛纺织工业的宏观趋势）。

2.3.3.2 简史和前景

如前所述，在历史上纺织生产曾经出现过两次飞跃发展：第一次在 2 500 年前，发生在中国。那时，中国纺织生产实现了手工业化，开发出了整套纺织手工机器，做出了丰富多彩的纺织品和服装。手工业化经过 1 000 年左右，普及到全世界。第二次飞跃发展是在 250 年前，发生在英国，即"产业革命"。这是由世界航路大开通，产生世界性的纺织品大市场促成的，从此进入大工业化的时代。这一过程，经 100 年左右，普及到全世界。产业革命时出现的早期纺织机器，大都是以源于中国的手工机器为蓝本的。

现在，世界即将进入"知识经济"时代，纺织工业也将大量移植信息技术，使原来劳动密集型向技术密集的都市型工业

方向发展。这将是纺织生产的第三次飞跃发展，纺织生产将实现：

① 原料超真化——化纤将具有天然纤维一切优良特性，并发展其原有长处。天然纤维也将改性，具备合成纤维的某些优良特性。

② 设备智能化——全部设备将实现电脑自动控制，并自动适应环境的变化。

③ 工艺集约化——流程将大大缩短，工艺简化。

④ 产品功能化——产品将能适应人们的各种需求。

⑤ 营运信息化——生产和经营都将通过电脑和网络系统，实现真正的"快速响应"。

⑥ 环境优美化——生产环境不但无害，而且优美，使体脑合一的新型"工人"的劳动变成生活享受。

3 专史

专史按组成的先后，介绍中国各个专业纺织生产的历史，包括中国丝绸史、中国麻纺织史、中国毛纺织史、中国棉针织史、中国印染史、刺绣史、中国针织史、中国化纤史和中国服装史。其中，刺绣史兼及国外。

3.1 中国丝绸史

丝绸起源于中国，起源的时间其说不一。根据历史文献，比较普遍的有两种说法：一为自伏羲氏开始化蚕桑为繐帛；一为黄帝时始有养蚕。据推算，伏羲氏是旧石器时代的人，而黄帝则是新石器时代的部落联盟领袖。因此，前者可能是指野蚕茧开始被利用，后者可能是指蚕开始被家养。可与这些文献记载互相印证的出土文物有：

1975—1978 年在浙江余姚河姆渡村的新石器时代遗址（约公元前 4000 年），发现了一批纺织用的工具和牙质盅形器。这种盅形器周围用阴文雕刻着类似蠕动的蚕的图形，配以编织花纹（图 3-1）。

图 3-1 河姆渡出土蚕形虫纹牙质盅形器
Lvory Bowl Showing Silkworm Figures
Unearthed in Hemudu（about 4000 B. C.）

1927 年在山西夏县西荫村的仰韶文化时期遗址（公元前 5000 年—公元前 3000 年）发现了一个半截的蚕茧（图 3-2）。蚕茧被锋利的刀具割去一半，说明当时的人类与蚕茧有接触。

图 3-2 新石器时代的茧
Cocoon of Neolithic Period

河南郑州青台遗址出土了公元前 3500 年的浅绛色丝质罗（彩图 2）。1958 年在浙江吴兴（今湖州）钱山漾遗址（公元前 2700 年）发现了一批丝、麻纺织品。其中有平纹绸片和用蚕丝编结的丝带，以及用蚕丝加捻而成的丝线。

3.1.1 发展历程

夏代以前是丝绸生产的初创时期，开始利用蚕茧抽丝，并将茧丝挑织成织物。夏代至战国末期是丝绸生产的发展时期，尤其是丝织技术有了突出的进步，已经能用多种的织纹和彩丝织成十分精美的丝织品。秦代至清道光年间是丝绸生产的成熟时期，这一时期各道工序、各项工艺日益完善，手工操作的丝绸机器也进一步完备，而且普及桑蚕丝绸生产，形成了完整的农工商体系。特别是汉唐以来，丝织品和生丝通过举世闻名的"丝绸之路"大量远销到中亚、西亚、地中海和欧洲，受到各地人民的普遍欢迎，促进了东、西方贸易，以及文化和技术的交流。古希腊、罗马人因此称中国为"丝国"。据考证，英语"China"一词，也是由丝（si）的发音演变而来。鸦片战争以后，直到 1949 年，是丝绸生产的衰落时期。抗日战争中毁桑 200 万亩，丝绸厂半数毁于炮火。此后，更是桑园荒芜，蚕农破产，工厂倒闭，工人失业，丝绸业处于奄奄一息的境地。上海的缫丝厂在全盛时期（1929）曾达到 160 家，但到 1949 年仅剩 2 家；上海和杭州一些小丝织厂和机坊，只有 37％的机台正常生产。

中华人民共和国成立后，丝绸业得到迅速恢复和发展。1980 年，桑蚕茧收购量为 1950 年的 7.9 倍，生丝产量为 10.4 倍，绸缎产量为 14 倍，生丝出口为 5 倍，绸缎出口为 11 倍，内销绸缎增长 100 倍。同时，生丝品质不断提高，从 1949 年前的 A 和 B 级提高到 3A 级以上（生丝质量分为 4A，3A，2A，A，B，C，D 级），绸缎花色品种不断增多。丝绸厂中已经部分使用自动缫丝机、自动织机等设备，并且探索用电子计算机控制等技术。1980 年中国蚕茧和生丝产量分别占世界总产量的 51％和 43％，均居首位。20 世纪最后的 20 年中，丝绸生产又有巨大的进步（《中国纺织史》）。

3.1.2 制丝

人类利用蚕茧，可能从取食蚕蛹开始，继而才发现茧壳上的丝缕可以抽出，后就把蚕茧用热水浸泡抽丝，称为缫丝。最初是采摘野生蚕茧，进而把野蚕放养在树上，逐步发展成采叶家养。蚕的种类很多，以桑树叶为主要食料的桑蚕，吐出的丝质量最佳，最受人们重视。桑蚕家养和缫丝在周代已经开始，在陕西省扶风、辽宁省朝阳发现的一些西周丝织品，经鉴别，都是家蚕丝所织。周代还能利用鲜茧缫丝。新茧登场，必须在短短数日内缫完，否则茧蛹化蛾，便不能缫丝。至秦、汉，采取阴摊等方法延缓化蛾，或日晒杀蛹。到南北朝时，民间已经采用盐腌法杀蛹。自唐至五代时，朝廷的"盐法"中，均规定有专门用在盐茧的茧盐一项，足见重视。到了明清，火力焙和烘茧逐步发展，浙江农村已经出现简易的烘茧灶。从此烘茧杀蛹取代了盐腌法。

商、周时期，缫丝工艺已逐步完备，对蚕茧已经开始根据不同需要分档使用。西汉时已经用沸水煮茧了，凭目测掌握煮茧水的温度，即以水面出现蟹眼大小的气泡为宜。在《礼记·祭仪》中对缫丝工艺有比较详细的记载："及良日，夫人缫，三盆手，遂布于三官夫人世妇之吉者，使缫。"说明周代或周代以前，在缫丝工艺操作中为使茧子渗透均匀，采取多次浸泡，并握住大把聚束振动出绪。马王堆汉墓出土纺织品中的纱罗等丝织物表明，汉代非但能缫制纤度极细的生丝，而且条干均匀。元代《农书》中指出生丝质量必须要达到细、圆、匀、紧。在长期的生产活动中，人们逐渐摸索到一些可以保证生丝品质优良的经验。如明代宋应星在《天工开物》中说："出口干，出水干。"出口干主要是指在上簇结茧时簇室管理，要创造良好的营茧条件，簇中要保温、通气和干燥，使蚕吐丝时出口就干。这样结成的茧子，在缫丝时解舒好，能够"一绪抽尽"。出水干是指缫丝时要能随缫随干，使丝质坚韧，色泽晶莹。缫丝用水与丝的品质关系极为密切，选择用水因地而异，例如闻名于世的"辑里丝"，就是取浙江南浔穿珠湾之水缫成，丝色特佳。

在出土的甲骨文中，发现有类似缫丝的象形文字，可以证明从殷商到周代，缫丝已经采用简单工具。从汉画像石上所刻的图像中可以看出，缫丝时把茧浸在水中，引出丝头，卷取在丝框上（图3-3）。丝框又叫篗子，最先用手旋转，因速度太慢，后改进为曲柄手摇。秦汉时期手摇缫车已很普及，宋代以后至清末，又普遍应用了脚踏缫车。并且在缫车上加装偏心轮，使导丝机构能够左右移动，卷绕到丝框上的丝片呈网状交叉，层次分明，便于络丝。

自从中国的养蚕、制丝技术传到国外以后，日本、法国和意大利等国蚕丝业逐步发展。法国首先利用蒸汽加热和机械缫丝代替手工，作用机器叫做直缫坐缫机，就是把丝直接缫在周长1.5米的大丝框上，每台有5绪。意大利也使用这种缫丝机。这样的缫丝机传到日本，被改成先缫在周长为0.56米的小丝框上，再由小丝框转络在大丝框上的再缫坐缫机。这样缫得的生丝容易烘干，质量也有所提高。19世纪70年代，这种缫丝机由华侨引进，在广东设厂。此后，上海、无锡、杭州、苏州、重庆也办起了座缫丝厂。20世纪20年代日本创造了20绪的立缫机（图3-4），工人看管绪数增加，卷绕速度放慢，使丝条均匀。1924年后，江苏、浙江办起了立缫丝厂。20世纪50年代，中国在研究自动缫丝机的同时，又由日本引进自动缫丝机（图3-5）在杭州设厂。1978年中国研制成定纤式自动缫丝机。现在，中国制丝业把立缫和自动缫丝机配合起来使用，取得了合理利用不同等级原料茧的良好效益。

图3-4 立缫机
Multiend Reeling Machine

图3-3 画像石上的篗子缫丝
Silk Reeling on Carved Stone of the Han Dynasty

柞蚕的放养和利用，是古代中国人民的又一贡献。崔豹《古今注》记载："汉元帝永元四年（公元前40年），东来郡东

图 3-5　自动缫丝机
Automatic Reeling Machine

牟山，有野蚕为茧，……收得万余石，民以为蚕絮。"又《晋书》记载："太康七年（公元 286 年），东莱山蚕遍野，成茧可四十里，土人缫丝织之，名曰山绸。"野蚕、山蚕都是柞蚕，柞蚕之名始见于晋郭义恭所著的《广志》。中国晋代已掌握了柞蚕茧的缫丝技术。明代中期以后，柞蚕放养技术迅速传播，成为山区农民的重要副业。柞绸制衣，在明代风行全国。中华人民共和国成立后，柞蚕茧产量逐年增加，1980 年比 1950 年增加 7.3 倍，占世界总产量 80％以上，居世界第一位。中国柞蚕茧缫丝一直用简单木制缫丝机，1949 年以后，才研究引用桑蚕茧的机械缫丝技术，逐步发展为今天的水缫机缫丝法。

3.1.3　丝织

夏代丝织生产已经发展起来，丝绸被作为交换物品。据《管子·轻重甲》记载，夏末时的伊尹，曾用丝织品和夏桀换 100 钟粟。周代丝绸持续发展。从出土文物看，商代以前的丝织物纹样大多是平纹或简单几何花纹，到周代，已经流行小型花的提花织物，甚至出现了色彩较多和组织相当复杂的大型花纹织物。周代至春秋战国时期，丝织生产的发展更快。这个时期出土的丝织品，有无花纹的绡、纱、纺、绉纱、缟、纨等，也有带花纹的织物，如绮和锦。特别是织锦的出现，证明当时已经掌握提花技术。以后几经改进，并随着唐代丝绸之路的昌盛，中国提花技术辗转传至亚、欧各国。到 18 世纪下半叶，法国人应用中国提花机的基本原理，采用穿孔纹版代替"花本"，制成能织造大型花纹的动力提花机，这种机器一直沿用到现代。

3.1.3.1　准备

包括络丝、并丝、捻丝、整经和卷纬。古代的络丝不仅起改变卷绕形式的作用，而且起分类的作用，把丝条按粗细分档。操作时，用拇指和食指捏住丝条，在丝条通过时，靠指面感觉分辨出丝条的粗细，然后用丝框分别卷绕起来，所以又称为"调丝"。最初的络丝方式，像汉画像石上的并丝图（图 3-6），是以手指拨转丝框。后来在丝框中心穿一根杆子作为轴，以手掌托住杆子并抛动旋转，即所谓"调丝"。再进一步改进，把杆子活套在木

图 3-6　汉画像石上的并丝图
Carved Stone of the Han Dynasty Showing
Silk Doubling and Twisting

架上，并在杆子上兜套一根绳索，将绳索的一端固定，另一端用手拉动，带动丝框旋转，犹如扯铃一般。这种手抛法和绳索牵拉法等络丝方法，在南方农村中一直沿用到清末。

古代捻丝也叫打线。钱山漾遗址出土的丝线，是已发现的最早加捻丝线。古代捻丝有纺专法和转锭法两种，转锭又可分为竖锭和卧锭。古代的一些工具，如纺车、纬车，都可兼用于卷绕和捻丝。江陵马山战国墓出土纺织品中有一种丝带，其中的丝线为S捻，捻度为1 000～2 000捻/米。马王堆三号墓出土的汉代绉纱，经纬丝捻度达到1 400～2 400捻/米，从而在织物上获得良好的起绉效应。这些发现表明，汉代以前的捻丝技术，已经有很高的水平。捻丝工艺几经改革，到宋代，在《女孝经图》画卷中的捻丝图（图3-7）所画捻丝车是一木制大轮，上有锭子，摇动大轮带动锭子旋转，将筒管上的丝条引出，便可以加上捻回。南宋时并丝和捻丝已经广泛应用大纺车，其结构和元王祯在《农书》中所记述的纺麻大纺车（图2-14）相似。

古代整经又称纼丝，有两种形式：一种是齿耙式，另一种是轴架式，以齿耙式为主。1978年在江西贵溪的春秋战国崖墓中出土的残断齿耙，就是古代整经工具。轴架式整经可以认为是近代使用的大圆框整经机的前身。卷纬可在纬车（图3-8）上完成，把纬丝绕在竹管上。纬丝先用水浸湿，借以增加韧性和柔软性，织时不易断头，也可以织得更紧密，使织物外观平挺。这一湿纬工艺在近代部分纺绸生产中仍然沿用。19世纪70年代以前，丝织用土丝作经丝，上机后容易起毛，所以经纱要上浆。后来缂丝改用机械缂丝，可不再上浆。20世纪20年代，杭州纬成绸厂和上海美亚绸厂，开始引进意大利式和美国式捻丝机，逐步代替了木制捻丝机。络丝、并丝、整经、卷纬也逐步采用动力机器代替手工机器。

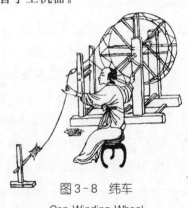

图3-8 纬车
Cop Winding Wheel

3.1.3.2 织造

古代丝织技术的突出成就是改进织机，尤其是创造了多蹑织机和束综提花织机。从战国到秦汉时期，用脚踏杆提综开口的织机应用渐多。这种织机上的脚踏杆，古时称为蹑。随着织物的花纹渐趋复杂，需要安装的综片增多，脚踏杆也随之增多，这种织机称为多综多蹑织机（图2-20）。多综多蹑织机早在汉代以前

图3-7 《女孝经图》捻丝图
Silk Twisting in an Ancient Book

就已广泛使用。后经马钧革新，减为12蹑，仍能控制60余片综，因此织成的织物图案花纹依然能达到生动逼真，而生产效率有很大提高（图2-21）。商代的绮和周代的锦，虽然都已经是花纹比较复杂的织品，但这类花纹一般仍属于对称型几何纹，而且每个花回的循环数较少，可以用多综多蹑织机织造。当丝绸纹样向大花纹发展，如大型花卉和动物等纹样，花纹循环数就大大增加，组织也更加复杂，多综织机就难于胜任了，因此逐步发展出一种花楼式束综提花装置。长沙战国楚墓出土的对龙对凤锦和填花燕纹锦，马王堆西汉墓出土的几何纹绒圈锦，都需要用束综提花丝织机织造（图1-8）。束综提花机能够织出飞禽走兽、人物花卉等复杂的花纹，但需要一名织工和一名挽花工，两人配合操作。挽花工高坐在花楼上，口中唱着按挽花程序所编成的口诀，同时用手提拉花束综，下面的织工协同动作，一来一往引梭打纬。经过魏晋、南北朝至隋唐，这种装置和操作都有改进。提花机与多蹑结合运用已能织出绫锦花纹，如龙凤、狮马、孔雀、灵芝等。到了宋代，提花机更臻完善。南宋楼璹《耕织图》绘有一台大型提花织机，挽花工坐在花楼上，双手作提牵经丝的姿势，提花的束综历历在目；织工坐在机板上，右手握住筘框打纬，左手拿着梭子，做准备投梭引纬状，双脚踏着踏杆，带动综框升降。这是世界上最早的手工提花织机的图像。元代《梓人遗制》、明代《天工开物》对这类提花织机均有配图和说明。

提花机用花本控制提综程序。中国古代提花机的花本先用竹编，进而用线编。中国手工提花机经过1000多年的流传，到18世纪后半叶，经欧洲人改进为机械提花机。20世纪初中国又从欧洲引进机械提花机。1979年中国用电子计算机控制的黑白丝织象像景自动轧制纹板机创造成功。

丝织工艺技术的发展，集中表现在丝织品的演变：由平纹组织发展到斜纹组织；由平素织物发展到小花纹织物，进一步发展到大提花织物；以及由单组经纬丝织物，发展到多组经纬丝的重经重纬织物和起绒织物。各个时期的工艺技术水平，从纱、罗、绮、锦、绒和缂丝等几种代表织品中反映出来。

3.1.4 丝绸纹样的演变

古代中国丝绸不仅在技术上有许多创造发明，纹样也达到了高度的艺术水平。纹样主要通过织花、印花、绣花、手绘等方式在织物上表现出来，但纹样要和织物品种、用途相适应，还要以提花、染色、印花等工艺技术为基础。

殷墟出土的青铜钺表面黏附的丝织物残痕，呈现回纹形织纹（图3-9）；商代玉

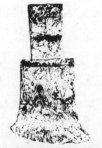

（a）铜钺上附着丝织品残迹

（b）铜钺上回纹结构图

图3-9 殷墟出土丝织品残迹及回纹结构图
Traces of Silk on a Bronze Weapon of the Shang
Dynasty and Diamond Pattern

刀柄包裹着有雷云纹的提花丝织物；河南侯家庄殷墓中发现的白石上人像的衣服纹饰，即可印证中国丝绸织花纹样是从几何形开始的。从殷商到战国，丝绸纹样大多是由直线和折线组成的菱形、回纹形以及它们的变体形。先秦丝绸纹样的风格是造型质朴、大方、富于变化，这些纹样与同代陶器、金属器、漆器等纹饰相互影响，并与当时织造技术水平相适应。秦汉至魏晋的纹样特色是：题材和风格多样化，在几何形的基础上出现鸟兽、云气、山水、文字等，互相穿插组合，豪放活泼（图3-10）。到隋唐，纹样风格有了变化，缠枝、团花、小朵花、小簇花等新纹样流行（图3-11）。这一时期的纹样具有丰满、肥硕、浓厚、艳丽的特色。唐窦师伦集秀美壮丽为一体，设计了瑞锦、对雉、斗羊、翔凤等纹样，远近闻名。保存在日本奈良正仓院的"四骑士狩猎纹"锦，属于联珠团窠形纹样，同类产品在隋唐屡见不鲜。唐代活泼、生动的风格仍保留在"球路双鸟"锦、重莲锦、"灵鹫纹"锦一类的北宋丝织物上。但宋元时期纹样已转向清秀精细，配色文静素雅。民间题材受到重视，而汉唐常见的宗教题材衰微了。写生折枝式的花纹（图3-12）别具一格，并成为后来丝绸纹样的主要程式。几何形纹样，如满地规矩锦——八达晕、六达晕（晕为无级的色彩浓淡、层次和节奏变化）、大、小宝相花等，比过去更多，而且更规整。元、明、清三代的丝织物用金最多。元代皇帝和百官的服饰都用金，纹样借鉴中亚装饰风格。这类丝织物被称为纳石失。明清时期丝绸纹样基本上承袭前代，题材以折枝花卉植物为主，表现方法大多为写实（图3-13）。比之过去，更注

重形象的刻画和布局的合理。各地特色产品如雨后春笋，品种繁茂，如秀丽严谨的苏州宋锦、花纤色丽的南京云锦，都是著名产品。清代丝绸纹样前后期略有变化，康熙时主要仿宋、明的花色，其中规矩锦最有特色，工细甚于前朝。色彩处理善用退晕法，浓淡渲染，文雅中又见秀丽。代表作品有"彩织花鸟图""香莲重麟"锦。乾隆时织造工艺更加完善，已能生产比较复杂的纹样，风格多样，并吸收运用洛可可式大卷草、倭式小草花、波斯式回回锦等纹样，还出现了一批用整枝花草来装饰服装的纹样。到清代后期，又出现了过分追求细节描绘，导致部分丝织物纹样繁琐的倾向。

图3-10　东汉长乐明光锦
Brocade of the Eastern Han Dynasty

图3-11　隋唐贵字纹绮
Silk "Qi" (Twill Patterns on Plain Ground)
of the Sui-Tang Period

图 3-12　南宋芙蓉山茶花罗
Leno of the Southern Song Dynasty

图 3-13　明云鹤妆花纱
Gauze "Zhuanghua" of the Ming Dynasty

3.2　中国麻纺织史

中国麻纺织的历史比丝绸更为悠久，古人最早使用的纺织品就是麻绳和麻布，大麻布和苎麻布一直作为大宗衣料，从宋到明才逐渐为棉布所替代。黄麻布和亚麻布自宋代开始生产。在麻纺织技术形成之前，人类用石器敲打，使麻类茎皮变软，然后撕扯成细长的缕，用以搓绳或编结成网状物。中国麻纺织技术的发展，经历了三个历史阶段：原始手工阶段（公元前 21世纪以前）；手工机械纺织阶段（公元前 21世纪—公元 1870年）；动力机器纺织阶段（1870年以后）。

3.2.1　脱胶技术

最早的麻脱胶方法是自然沤渍法。图 3-14 为古书上的沤池插图。

图 3-14　沤池
Retting Pool for Bast Fibers From an Ancient Book

在新石器时代晚期，长江流域已用此法。商周时代又盛行于黄河流域。浙江钱山漾新石器时代遗址、河北藁城、北京平谷商墓、陕西宝鸡西周墓、江西六合东周墓和湖南长沙战国楚墓出土的麻布，都可辨认出经过脱胶的痕迹。秦汉时期，人们已能准确地掌握沤麻季节，即夏至后 20日沤麻，麻的柔软达到类似蚕丝的程度。到北魏时，已比较全面地掌握了一系列脱胶的关键技术。如水质要清，用浊水则麻纤维色泽转黑；水量要足，水少则麻纤维要脆；沤渍时间要适中，太短则脱胶不够而难于剥皮，太长则脱胶过头而损伤纤维。在山区，还有冬天用温泉水沤渍使纤维柔和的经验。到宋元时，人们总结出感官鉴别法，学会从沤池中的水色、浓度、水温和麻株表面的滑腻程度来判断脱胶的程度。这一方法直到现在，农村中仍广泛沿用。

古代苎麻脱胶是将麻皮放在灰液中煮练，其历史比沤渍法稍晚，大约在春秋时形成。灰质分为两种：一种是楝木灰汁，属纯碱物质；另一种是蜃蛤壳烧成的灰加上水，即石灰水。陕西宝鸡西高泉春秋墓葬出土的苎麻布，经检验分析，是经过煮练脱胶的，其部分纤维呈单根分离状态。可见当时在掌握灰质比量和煮练时间上已有一定的经验。长沙马王堆一号汉墓出土的精细苎麻布，经检验分析，纤维上残留胶质甚少，大多数纤维几乎呈单根分离状态。湖北江陵西汉墓出土的大量苎麻絮，经金属光谱分析证实是经过煮练脱胶的，其纤维分离程度也十分良好。这证明秦汉时煮练脱胶技术又有了提高。到宋元时，又出现了各种麻脱胶的新工艺，主要有：① 先将麻皮绩成长缕并纺成纱，再先后浸入草木灰液、石灰水中各一夜，然后放入草木灰液中煮练，冲洗晒干后织布；② 纺成纱后，先与干石灰拌和 3～5 天，再放在石灰水中煮练，冲洗干净后，摊放在铺于水面上的竹帘上半浸半晒，日晒夜收，直到麻纱洁白后织布；③ 将麻皮昼晒夜露若干天，再绩麻织布，然后将布放在石灰水中煮练。上述工艺中的露水漂白和半浸半晒漂白是煮练脱胶法的新发展。到明代，半浸半晒与水洗反复交替进行，胶杂质在漂、洗的工序中不断清除，使纤维白净。这种方法直到 19 世纪末，还在中国农村中广泛沿用。至今在盛产夏布的四川、湖南、湖北、江西等地仍在应用。此外，中国南方有些地区还在苎麻煮练前先用硫磺熏白。19 世纪，中国江西、湖北一带还流行此法。

3.2.2 麻纺技术

古代麻纺有搓法和绩法。原始的麻纺是由手搓开始的，以后才利用纺专纺纱。浙江余姚河姆渡遗址出土了距今 6 900 年的一段三股麻绳和一段两股麻线（图 2-2），同时出土了最原始的纺纱工具纺轮（图 2-5）。大麻纤维短而弱，多用纺专加工成有统体捻度的麻纱。近代四川温江地区大麻纺纱仍沿用此法。苎麻纤维长而强，多用绩法成纱。先用手指将脱胶后的纤维粘片分劈成细长的麻丝（缕），然后逐根捻接。由于麻丝上有胶质糊状薄层加上接头部位的捻合力，就使得接头牢固，从而将麻丝续接成细长的麻纱。这个过程称为绩麻。这种麻纱在古文献里称为麻缕或麻纑。这样绩成的麻缕可直接供铺经织造。为了增加麻缕的强力，也可将绩成的麻缕在铺经织造前再用纺专或纺车加捻。《诗经》《周礼》《孟子》《尔雅》等先秦著作里均有绩的记载。福建崇安武夷山船棺的商代苎麻布，经、纬纱都是绩后加捻的。长沙马王堆汉墓出土的精细苎麻布中，麻纱也是绩后加捻制成的，最细的纱支达 5 特（200 公支）以细，捻度达 500～1 000 捻/米，捻向是 S，捻度不匀率在 22％～25％，纤细均匀，可与当时丝线媲美。晋代出现脚踏纺车，宋人临摹东晋画家顾恺之为汉刘向《列女传》"鲁寡陶婴"配画中就有脚踏 3 锭纺车的图像（图 2-13）。元代王祯《农书》中画有脚踏 5 锭纺车（图 3-15），可同时对 5 根麻纱加捻。由于社会对麻纱需要量增加，宋元时发明了先进的麻缕加捻工具——32 锭水转大纺车，由水力发动（图 2-15），也有用畜力的，采用绳轮和皮带集体转动锭子，每天可纺麻纱百余斤，产量比 3 锭纺车提高 30 余倍。这种大纺车是动力机器纺纱的先驱。元明以后棉花普及全国，麻纱需要量下降，大纺车纺麻因之日渐减少。

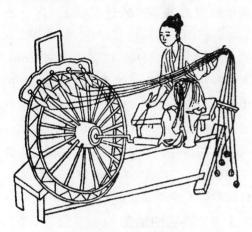

图 3-15　5 锭麻纺车
Spinning (Twisting) Wheel with
5 Spindles for Bast Fibers

湖南浏阳、四川隆昌、江西万载等地都是历史上有名的夏布产地。所用的麻纱，一部分仍沿用历代相传的绩法制成，且不经加捻即供织布。而广西夏布则是用手工搓绩后，用 3 锭纺车加捻的麻缕，再铺经织造。到目前为止，传统的绩麻技术尚不能用机械进行。

3.2.3　麻织技术

中国的麻织技术已有近 6 000 年的历史。河南郑州青台遗址出土的约 5 500 年前的陶器上黏附着清晰的麻布织纹，经纬向密度仅 9～12 根/厘米，是用原始织机生产的。到新石器时代晚期，麻织技术明显进步。约 4 700 年前的浙江钱山漾遗址出土的苎麻布，经向密度为 30 根/厘米。夏商以来，苎麻、大麻和苘麻的大量人工种植，促进了麻纺织技术的继续发展。到春秋战国时期，发明了斜织机（《中国纺

织史》），麻织技术也日趋完善。自周秦以来，麻布的精细程度是以升来表示的。在汉代的度量衡制中，10 升布即是在幅宽 2 尺 2 寸（合今 50.8 厘米）的经面上有经纱 800 根（每升 80 根），升数越高表示布越精细。周代的麻织技术与丝织技术不相上下。当时，丝绸的起码精细度为 15 升，而最细的麻冕用布达 30 升。江西贵溪出土的春秋麻布，经向密度 8～18 根/厘米，纬向密度 8～14 根/厘米，约合 6～12 升。长沙战国苎麻布，经密 28 根/厘米，纬密 24 根/厘米，约合 19 升。秦汉以来，大麻布和一般苎麻布用作日常衣料，而优良苎麻织制的夏布品种丰富，有的能与丝绸媲美。在汉代，四川夏布已经远销到身毒（今印度）、大夏（今阿富汗、伊朗）等南亚、西亚国家。马王堆汉墓出土纺织品中的三块苎麻布，经密 32～37 根/厘米，纬密 30～44 根/厘米，约合 21～23 升，织物密度不匀率为 1%～5%，可与现代精细苎麻布相比。这只有在采用筘打纬的条件下才能做到。隋唐时期，麻织技术继续发展，麻布年产量一度高达 100 余万匹。宋代广西夏布生产中已经出现浆纱技术，即在织布前，将调成胶状的滑石粉浆糊，用刷帚涂于麻经面上，以减轻开口、引纬时的摩擦，便于投梭织布，使麻布生产率进一步提高。这一时期夏布织造工艺也有发展，如浙江诸暨一带生产一种绉布，织造时将不同捻向的经纱，数根交替相隔排列，经纱密而纬纱稀，由于经纱加过强捻，吸水后先膨胀后收缩，布面上就出现谷粒花纹来，纱的捻度越大，谷纹越明显，显得美观大方。到了清代，麻织工艺中出现了交织技术，麻和丝的交织品轻盈柔软，麻和棉的交织布坚固耐用。19 世纪

中叶以来，交织技术水平越来越高，交织布的质量也越来越好。广东有麻丝交织的鱼冻布和麻棉交织的瞽布，福建有麻棉交织的假罗等。清代，四川隆昌、江西万载和宜黄、湖南浏阳等地生产的精细夏布已远销世界各地。

19 世纪末，湖广总督张之洞从德国引进脱胶、纺纱、机织工艺的整套纺织设备，于 1898 年建立武昌制麻局，这是中国第一个用电力机器生产的苎麻纺织厂。从此，中国麻纺织工业进入机器生产时代。20 世纪 30 年代开始，麻纺织厂相继在广州、重庆、赣县、上海等地建立和生产。尤其是 1949 年以后，新建的苎麻纺织厂和广西南宁绢麻纺织厂用国产机器生产的各种规格的高级苎麻布，远销于东亚、东南亚和欧美各地。黄麻纺织厂则生产麻袋，以供应粮食的包装。

3.3 中国毛纺织史

中国是世界上手工毛纺织发展较早的国家，这已被考古学所证明。中国毛纺织技术的萌芽、形成、成熟、发展，主要是游牧地区少数民族的贡献。早在新石器时代，在中国新疆、陕西、甘肃等地区，手工毛纺织生产已经萌芽。周代以后，上述地区加上北方边陲、东北草原、西南边疆和四川、青海等地区，已能生产精细彩色的毛织品。秦汉以后，毛织品、毛毯两大类主要产品在质量、品种和产量上都有很大发展。制毡是毛纺织的前导。毛纺织技术是和丝、麻纺织技术相互交融发展起来的。古代用于毛纺织的原料有羊毛、牦牛毛、骆驼毛、兔毛、羽毛等。大量应用的是羊毛。自古以来，羊毛织物和羊毛绳索一直作为少数民族人民的大宗衣料和日用品。其他毛纤维一般用于与羊毛混纺。毛纺织工业化生产是从 19 世纪 70 年代末开始的。当时左宗棠为了供应军需，开办甘肃织呢总局，生产军服用料。这是中国除缫丝厂以外的第一家近代纺织工厂。此后，毛纺织厂陆续增多，但发展缓慢，直到 1949 年，全国只有 13 万毛纺锭。中华人民共和国成立后，随着人民生活水平的提高，毛纺织品需求增加，毛纺织工业发展加快，到 1980 年，已有 60 多万锭，2000 年发展到 380 余万锭，除供应国内需要的呢绒、毛毯、绒线等外，还大量出口，对国民经济做出了贡献。

3.3.1 羊毛初加工

约公元前 3000 年，陕西半坡人已经驯羊。约公元前 2000 年，新疆罗布淖尔地区已把羊毛用于纺织。羊毛纤维用于纺织之前，须先经过初步加工：采毛，洗毛，弹毛。

最初将落在地上的羊毛收集起来，称拾毛。春秋战国时期，从羊皮上采集羊毛，称采毛。南北朝时盛行铰（剪）毛。中原地区和江南地区，每年铰毛 3 次；漠北寒冷地区，每年铰毛两次，且掌握了铰毛季节，为防止损伤羊的体质，一般中秋节以后不再铰毛。山羊绒的采毛，据明代《天工开物》记载，有两种方法：挡绒和拔绒。挡绒使用竹篦梳下绒毛，此法应用于一般山羊绒。采集较细的山羊绒，必须用手指甲沿着它的生长方向拔下，称拔绒。这两种方法，产量甚微，起源于古西域，即今新疆，唐代传入中原地区。

羊毛带有油脂、沙土，纺前必须除去。《齐民要术》中有把剪下的羊毛在河中洗净的记载（图 3 - 16）。《天工开物》

记述："凡绵羊剪毛……皆煎烧沸汤，投于其中搓洗。"据清代《新疆图志》记载，新疆地区有用"碱水""乳汁""酥油"洗羊毛的传统方法。在云南山区，另有干法去脂的传统方法，即将羊毛放入黄沙里，用手或用工具搓揉，也能达到除去油脂的效果。这是缺水地带因地制宜的去油脂方法。

图 3-16　洗羊毛
Wool Washing

羊毛洗净晒干后，必须开松成单个纤维分离松散状态，并去除部分杂质，以供纺纱。古人用弓弦弹松羊毛，叫做弹毛。弹毛技术后来移用于弹棉。新疆、河西走廊到内蒙古草原一带，至今还保留着一种古老的传统弹毛工艺，即两人用四根皮条手工弹毛（图 3-17）。这种方法适用于弹山羊毛和粗羊毛。弹松的毛纤维，用于搓制绳索和纺纱，织制日用毛袋。皮条弹毛法比弹弓弹毛法更为原始，但出现年代已不可考。现在云南少数民族手工弹毛所用的竹弦弓，据考古推测，也是古代遗留下来的弹毛工具。这是南方少数民族的祖先因地制宜、就地取材的创造。

图 3-17　皮条弹毛
Wool Opening with Leather Bands

3.3.2　纺纱

经过初加工的羊毛纤维，再经理顺、搓条即可纺纱。大约公元前 2000 年，羊毛纺纱起源于边远牧区。新疆罗布淖尔遗址出土的约公元前 1880 年的毛织物，纱线的投影宽度平均 1.3 毫米，最细为 1 毫米。经纱为 S 捻，纬纱为 Z 捻，捻度为 18～28 捻/厘米。同时出土的有双股毛绳，单纱捻向为 S，股线捻向为 Z，股线捻度为 10 捻/10 厘米。新疆哈密遗址出土的约公元前 1200 年的毛织物中，纱线的投影宽度平均为 0.5 毫米，最细达 0.2 毫米。经纱为 Z 捻，纬纱为 Z 捻，也有 S 捻。新疆吐鲁番阿拉沟遗址出土的约公元前 300 年的毛织物中，纱线的投影宽度平均为 0.8 毫米，最细达 0.2 毫米。平均捻度 38 捻/厘米，有 S 捻，也有 Z 捻。新疆民丰尼雅东汉遗址出土的毛织物中，纱线投影宽度平均 0.3 毫米，最细达 0.1 毫米。有一块毛罗织物中，纱线细度与条干犹如蚕丝，捻度异常均匀。从纱线质量可以看出，毛纺技术到东汉时已有重大进步。

图 3-18　青海阿坝藏族妇女用纺专纺纱图
Tibet Woman Spins with a Spindle
Whorl in Qinghai Province

新疆地区的山羊绒纺纱，直到明代仍有用铅质纺专的。这种方法适于小批量手工生产精工细作的产品。据《天工开物》记载："凡打褐绒线，冶铅为锤，坠于绪端，两手宛转搓成。"这种纺纱技术（图3-18），自唐代开始传入中原地区。在西北地区，至今民间尚有用巨大的纺专竖立在地上，上端靠在人的腿上，以手搓转加捻纺纱。宁夏一带织毛袋的纱是用六锭纺车纺成。这种纺车形式与宋代王居正纺车图（彩图3）所画相似，只是锭数增加为6个。纺纱时，一人摇动轮轴，带动6锭转动，另三人每人左右手分别在一个锭子上纺毛纱。一人一天工作10～12小时，可纺3.5～4千克毛纱。这种纺纱技术一直沿袭至今。清代的新疆和田地区已使用畜力拖动的12锭大纺车（图3-19）。12个立式锭子通过皮带拖动旋转，纺纱产量大增。

图3-19　维吾尔族用12锭大纺车纺毛纱
Grand Spinning Frame with 12 Spindles for Wool Spinning by the Uygur Nationality

19世纪70年代以后，近代毛纺机器传入中国。但是，在边远农村，手工纺纱方法仍作为大工业的补充，广泛地存在着。

3.3.3　织造和产品

中国毛纺织技术起源于公元前2000年，并在西北地区延续不断。秦汉时，中国毛纺织技术已经相当成熟。这个时期，毛织物品种丰富，有平纹织物、斜纹织物、纬重平织物、罗纹织物、缂毛织物、栽绒毯等。公元前1200年以前的漫长时期，使用的织机是原始腰机和地织机。地织机是铺在地上，一边织造一边向前移动的原始织具（图3-20）。在现代新疆、青海、云南的少数民族地区仍能见到这些原始织机。新疆罗布淖尔公元前1880年遗址出土的毛织物和毛毯，组织结构都是平纹。毛织物均为棕色，经纬向密度仅48～54根/厘米。毛织物和毛毯均为有边组织，显然是原始手工织机所织。

图3-20　地织机织毛布
Ground Loom for Wool Cloth Weaving

公元前1200年到公元220年，是中国毛纺技术的成熟期。新疆哈密公元前1200年遗址出土的毛织物，织物组织除平纹外，还有斜纹，也有带刺绣的产品，经纬向密度比罗布淖尔的大2～3倍。一块平纹的花纹罽（有刺绣），底部为200根/10厘米×160根/10厘米；花部为双股线，黄绿两色刺绣成间断的云彩纹。一块双色花，底部组织结构为 $\frac{2}{1}$ 斜纹，经纬向密度为100根/10厘米×330根/10厘米，花部为100根/10厘米×100根/10厘米。一块山形纹，底部组织结构为 $\frac{2}{2}$ 斜纹，经纬向密度为 240 根/10 厘米×160 根/10 厘米，花部为 100 根/10 厘米×160 根/10 厘米。这批毛织物的色彩丰富，有鼻烟、米、中栗、棕、绿、黄、红、棕黄 8 种颜色。经纬向密度的大幅度增加和斜纹组织的普遍，表明当时毛织技术已出现突破性进步。织布工具已采用具有固定机架的织机，而且至少有 4 片综。到东汉时，中国毛织技术在组织结构上有所发展，出现了纬重平组织和通经回纬的缂织法（彩图 18），在织毯技术上出现了栽绒织法。新疆民丰尼雅东汉遗址出土的人兽葡萄纹罽（彩图 21）、蓝色龟甲四瓣花纹罽和彩色毛毯，就是这时期的代表产品。人兽葡萄纹罽由两组黄色经线和两组黄绿色纬线交织成为纬二重组织，纬纱显花织纹，花纹清晰，图案具有当地民族风格，经纬向密度为 200 根/10 厘米×30 根/10 厘米。龟甲四瓣花纹罽为纬三重组织，纬线显花，经纬向密度为 180 根/10 厘米×80 根/10 厘米。龟甲纹是中原地区的传统图案，它是中国各族文化交流的实物证明。彩色毛毯上的绒纬是用马蹄形打结法，每交织 6 根地纬，栽绒一排，如此循环。相邻绒纬距离 14 毫米，绒纬长 12 毫米，绒头完全覆盖了基础组织，美观大方。新疆古楼兰遗址中，出土的汉代缂毛织物，采用通经回纬织法，奔马卷草图案显示了当地的民族风格。新疆民丰尼雅东汉遗址出土的毛罗织物和黄色菱纹斜褐，组织细密，均匀平整。据此推断，织机已相当先进。

从南北朝到近代的 1 000 多年间，中国毛织技术处于稳定期。通经回纬的缂织法和栽绒毯织法更加流行，并不断地向中原地区传播。新疆巴楚脱库孜沙来遗址出土有北朝平纹、斜纹毛织物、栽绒毯和

唐、宋通经回纬缂毛织物。宁夏、内蒙古的辽代遗址也出土了一些毛织物。据元代《大元毡罽工物记》记载，当时按颜色、用途、织法命名的栽绒毯达 10 多种。据《天工开物》记载，明代的毛织机用 8 页综和 4 只踏轮织制斜纹，梭子长 1 尺 2 寸（40 厘米）。

1877 年，洋务派官员左宗棠部下赖长在兰州以细羊毛手工纺纱，用水力传动的织机试织毛呢取得成功。1878 年，左宗棠派员去德国购进 3 台洗毛机，1 080 枚粗纺锭，20 台毛织机，全套染整设备，一台 24～32 匹马力（合 17.652～23.536 千瓦）蒸汽机。1880 年 9 月 16 日，中国第一所机器毛纺织厂——甘肃织呢局正式开工生产，它标志着中国毛纺织大工业的开端。1906 年，上海开办日晖制呢厂；1907 年，在上海建立中日合资的久成呢革公司，在北京建立中日合资的清河溥利呢革公司；1908 年，在武汉建立湖北毡呢厂。辛亥革命以后，中国沿海陆续建立了毛纺织厂，但是机器购自外国，原材料仰赖进口，大量国产羊毛未得充分利用。中华人民共和国成立后，在全国各地纷纷新建和扩建毛纺织厂，到 2000 年，全国拥有毛纺纱锭已达 480 余万枚。有的新建工厂为了提高毛纱质量，又引进国外自动化的新型走锭机（图 3-21）。

图 3-21 现代毛纺走锭机
Contemporary Mule for Wool Yarn Spinning

3.4 中国棉纺织史

中国是世界上棉纺织生产发达的国家之一。中国的南部、东南部和西北部边疆，是世界上植棉和棉纺织技术发展较早的地区。从宋代到明代，棉纺织品已逐渐成为人们衣着的主要原料，棉纺织业在国民经济中的地位仅次于农业。鸦片战争以前，中国棉纺织生产的主要形态是纺织结合、耕织结合的家庭副业形式，但也存在以棉纺织为专业的小商品生产和工场手工业形式。鸦片战争以后，中国的手工棉纺织业逐步解体，并开始大工业化生产。

3.4.1 植棉和棉纺织技术的起源和传播

历史文献和出土的棉纺织品实物证明，中国边疆地区各族人民对棉花的种植和利用远较中原为早。

在古代，由于交通不便，自然经济占统治地位，商品生产不够发达，边疆地区早已发展起来的植棉和棉纺织技术向中原的传布，经历了漫长的过程。直到汉代，中原地区的棉纺织品还比较稀奇珍贵。到了宋代，边疆地区与内地的交往频繁，大量棉织品输入中原，棉花和棉布在内地广为流行，植棉和棉纺织技术逐渐传入。1979年在福建崇安武夷山岩墓的船棺中发现了距今3 200多年的一块青灰色棉布（图3-22），1966年在浙江兰溪宋墓中出土了一条完整的拉绒棉毯（图3-23）。这两件出土文物，为研究中国东南地区的植棉和棉纺织业的发展提供了重要线索。

根据植物区系结合史料分析，一般认为棉花是从南北两路向中原传播的。南路最早出现棉花的地区是海南和云南澜沧江

图3-22　福建崇安武夷山出土棉布和棉纤维截面图
Cotton Cloth (the Warring States Period) Unearthed in Fujian Province and Cross Sections of the Fiber

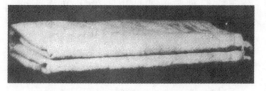

图3-23　浙江兰溪出土的宋代棉毯
Cotton Blanket of the Song Dynasty Unearthed in Zhejiang Province

流域，之后传到福建、广东、四川等地区。北路始于西北地区，即古籍所谓"西域"。宋元之际，棉花从南北两路传播到长江和黄河流域广大地区。到13世纪，北路棉花已传到陕西渭水流域。元代初年设立木棉提举司，大规模地向人民征收棉布实物，每年多达10万匹。虽然不久就撤销了这一机构，但后来又把棉布作为夏税（布、绢、丝、绵）之首，可见棉布已成为主要纺织衣料之一。棉花在中国堪称纺织原料中的后起之秀。唐宋以来，人们越来越看出棉花作为絮衬和纺织原料的优越性。《农书》对此作了较全面的评价，说棉花是"比之桑蚕，无采养之劳，有必收之效。埒之枲苎，免绩缉之功，得御寒之益，可谓不麻而布，不茧而絮""又兼代毡毯之用，以补衣褐之费"。元代以后的历代统治者都极力征收棉花、棉布，出

版植棉技术书籍，劝民植棉。到了明代，棉花已超过丝、麻、毛，成为主要的纺织原料。宋应星在《天工开物》中说"棉布寸土皆有""织机十室必有"，由此可知当时植棉和棉纺织业已遍布全国。

鸦片战争前，中国的棉花和棉布不仅自给，而且还输出到欧洲、美洲、日本和东南亚地区。美国商人到中国来贩运货物，以土布为主，不仅销到美国，还转销到中、南美洲乃至西欧。英国也曾经大量销用中国土布。19世纪初30年间，从广州运出的土布平均每年在100万匹以上，最多的一年（1819年）曾经达到330多万匹，直到30年代初才跌落下去。到1831年，中国对美国由出超转变为入超。鸦片战争后，帝国主义国家开始向中国大量倾销机制棉纱棉布，破坏了中国的手工纺织业，但同时也为在中国出现大机器生产的现代棉纺织准备了客观条件。经过12年的筹办，于1889年开工生产的"上海机器织布局"是中国第一家棉纺织工厂，从此开创了中国棉纺织工业发展的历史。

3.4.2　棉花初加工

古代轧棉技术的发展，概括说来经历了三个阶段：①用手拨去棉籽；②用铁筋或铁杖赶搓棉花去除棉籽，称为赶搓法。宋代许多著作中提到福建、广东一带是用铁筋或铁杖碾去棉籽的。元代《农桑辑要》中记载了北方轧棉的方法："用铁杖一条长二尺，粗如指、两端渐细，如赶饼杖样；用梨木板长三尺、阔五寸、厚二寸，做成床子，遂用铁杖旋转赶出籽粒，即为净棉。"这种赶搓法所用工具简单，生产效率虽低，但适应一家一户之用，所以一直沿用到清代。③搅车或轧车。王祯《农书》首次绘出了木棉搅车，如图3-24（a）所示。搅

车是在碾轴即铁杖或铁筋的基础上发展起来的轧棉机械。搅车的出现，是棉花初加工技术上的重大突破，大大地提高了轧棉的生产效率。《农书》中所绘的是4框落地式无足搅车，应用曲柄、杠杆等机构。但这种搅车需要3人同时操作，方能连续轧棉，工作费力。明代出现了4足搅车，徐光启在《农政全书》中绘出了这种搅车，由一人手足并用地操作，更适合于小农经济一家一户的独立生产。之后又出现了一人操作的3足搅车，如图3-24（b）所示，其结构更为合理，操作方便省力，其形制见于明代《天工开物》。

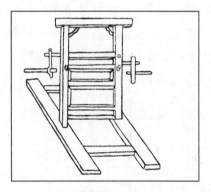

（a）木棉搅车（《农书》）
Hand Gin from *Nongshu* (the Yuan Dynasty)

（b）3足搅车（《天工开物》）
Foot Gin from *Tiangong Kaiwu* (the Ming Dynasty)

图3-24　轧棉车
Cotton Gin

轧去棉籽的棉花，古代称为净棉，现代称为皮棉或原棉。净棉在用于手工纺纱或作棉絮之前，需经过弹松，称为弹棉。弹棉过程中也能去除一些杂质。弹棉的实质是利用振荡原理进行开棉和清棉（即开松）。弹弓和弹椎是弹棉的工具。最初的弹弓是小弓，不用弹椎。这种小弓是线弦竹弧的小竹弓，弹力轻微，用手指拨弹。14世纪初，出现了4尺（约133厘米）长的大弓，是竹弧绳弦，其构造见《农书》，如图3-25（a）所示。这种大弓弓身长，需用弹椎击弦，弹椎一般用质地坚硬而沉重的檀木制成，两头隆起如哑铃状，弹棉时两头轮流击弦。用弹椎击弦代替以手拨弦，加大了冲量，增强了弹弓对原棉的振荡作用，提高了开松效率，是弹棉技术上的一大进步。到明代，弹弓又有改进。

(a) 弹棉竹弓（《农书》）
Bamboo Bow
(the Yuan Dynasty)

(b) 弹棉木弓（《农政全书》）
Wooden Bow
(the Ming Dynasty)

(c) 弹棉图（《天工开物》）
Cotton Opening with a Bow
(the Ming Dynasty)

(d) 弹棉图（《棉花图》）
Cotton Opening with a Bow
(the Qing Dynasty)

图3-25 古代弹棉
Ancient Bows for Cotton Opening

《农政全书》绘出了"以木为弓，蜡丝为弦"的木弓，如图3-25（b）所示。这种弹弓弓背宽，弓首伸展，当弓弦振荡时，接触棉花的空间增大，弹棉效率更高。但此时的弹法，仍是左手持弓，右手用弹椎击弦，很费力气。《天工开物》中介绍了悬弓弹花法，用一根竹竿把弹弓悬挂起来，以减轻弹花者左手持弓的负担，仍用右手击弦，如图3-25（c）所示。到了清代，弹花者把小竹竿系于背上，使弹弓跟随弹花者移动，如图3-25（d）所示，操作较方便，但增加了弹花者的负担。古代利用弹弓开松原棉，并清除一部分杂质，较近代开清机械上采用的角钉、刺辊、打手等剧烈的开清棉方法有优越之处。现代探索中的振荡开棉技术，正是这一古老技术的新发展。

3.4.3　纺纱

纺专是中国古代用来纺纱、捻线的最原始工具。一撮用手工除籽和扯松的棉花用一个纺专便可随地而纺，极为简便。纺专后来称为纺坠，由捻杆（或锭杆）和纺轮组成。纺专纺纱、捻线虽然产量低、质量差、费力多，但比徒手搓捻技术已大为进步。元王祯《农书》中记载的捻棉轴就是这种工具，至今还有个别地方在使用它。这种纺纱技术的流传已有数千年的历史。

纺车是中国手工机器纺纱的开始，秦汉前中原地区已开始用纺车并捻丝、麻。纺车在各地称谓不一，除方言有别外，主要是因使用目的各异所致。如有的用以并捻合线，有的用于络纬，有的则加捻丝絮成棉线。以纺车为名而用于纺棉的记载，以《农书》中的木棉纺车（图3-26）为最早。元时纺棉除沿袭使用手摇单锭纺车外，已开始改用脚踏3锭纺车纺棉纱。脚踏纺车始创于东汉前，供并捻丝、麻之用。脚踏纺车轮径影响锭速，并捻合线时轮径尽可增大，而纺棉时锭速受纤维充分牵伸条件的限制，故轮径必须适应纺棉纱工艺的要求。黄道婆改革脚踏纺车使适于纺棉，就是从改小轮径着手的。元时单人纺3根纱，必须先卷制棉条。用棉条纺纱是纺纱工艺发展中的又一大贡献，它使纺纱前的棉纤维排列较为整齐，有利于成纱条干的匀细。用无节细竹或高粱秆等作锭杆，把弹松的棉絮平铺桌面上，用手将棉絮卷于锭杆上，制成8～9寸长（约30厘米）的中空棉条。明时又改用擦板制条，《天工开物》称之为擦条。

摇纱等工艺，都是这些古老工具的延续。

(a) 木棉拨车（《农书》）
Reeling Frame（the Yuan Dynasty）

(b) 木棉軖床（《农书》）
Multi-end Reeling Frame（the Yuan Dynasty）

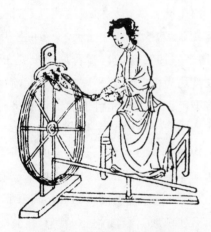

图3-26 木棉纺车（《农书》）
Foot Spindle Wheel with Three Spindles for
Cotton Yarn Spinning（the Yuan Dynasty）

为便于棉纱的后加工，宋元时的生产工具有：木棉拨车，如图3-27（a）；木棉軖床，如图3-27（b）；木棉线架，如图3-27（c）；等。拨车是将各个管纱绕于軖上，便于接长成绞纱，軖由4根细竹组成。由于竹有弹性，绞纱易于脱卸。軖床作用同于拨车，但可同时络6绞纱，效率比拨车大5倍。线架拈线不仅速度快，而且各根纱线的张力与捻度相近，有利于提高质量。现今后纺工序络纱、并筒、捻线、

(c) 木棉线架（《农书》）
Doubling and Winding Frame（the Yuan Dynasty）

图3-27 古代纺纱后加工工具
Ancient Cotton Yarn Reeling and Winding Instruments

明清以来，单人纺车仍以"三锭为常"，只有技艺高超的松江府纺妇"进为四锭"，而当时欧洲的纺纱工人最多只能纺 2 根纱。清末，在捻麻用"大纺车"的基础上，创制出多锭纺纱车。3 人同操一台 40 锭双面纺纱车，日产纱 10 余斤，成为中国手工机器纺纱技术的最高峰。多锭纺纱车的纺纱方法（图 3-28）是模拟手工纺纱，先将一引纱头端粘贴棉卷边，引纱尾部通过加捻钩而绕于纱盘上，绳轮带动筒装棉卷旋转，引纱则向上拉，依靠引纱本身的张力和捻度，引纱头端在摩擦力作用下，把棉卷纤维徐徐引出，并加上捻回而成纱。

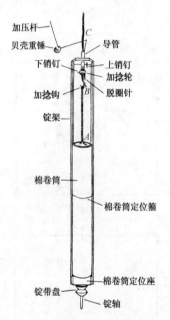

图 3-28　多锭纺纱车上的纺纱头
Spinning Head of Multi-spindle Spinning Frame
at the Beginning of 20 Century

3.4.4　织造

棉布在中国古代称白叠布、白缕布或帛叠布，原产于中国的西域、滇南和海南等边远地区，秦汉时才逐渐内传到中原。宋代以后，中原地区开始植棉，并参照丝麻纺织发展棉纺织技术。棉布分本色棉布和色织布（包括提花布）两大类，在各种形式的织机上织造。平纹组织的本色棉布，是中国棉织物的最初形式。如福建武夷山 3 200 年前洞穴岩墓的船棺内出土的那块久经风化而变成青灰色的棉布就属平纹组织，经纬纱直径都在 0.5 毫米左右，经纬密度均为14 根/厘米，捻向为 S，捻度为经纱67 捻/10 厘米、纬纱 53 捻/10 厘米。这种棉布估计为原始腰机所织。在江西贵溪岩墓曾发掘到 2 000 余年前的这种原始腰机零件。秦汉以后带机架的腰机、斜织机等在中原已普及，通过贸易逐渐传到边疆，促进了当地的棉织技术发展。如 1959 年在新疆民丰东汉墓出土的蓝白印花棉布、白布裤、手帕等棉织品残片，都是平纹组织，经密为 18 根/厘米，纬密为 12 根/厘米。1964 年吐鲁番晋墓出土的布俑、连衣裤均为棉布缝制。可见，东汉前西域已将染色、印花技术用于加工棉布。棉布幅阔的增大也是棉织技术发展的标志。

1966 年浙江兰溪宋墓出土的一条本色棉毯，证明当时的织机和织造技术已有较大的发展。这条棉毯长 2.51 m，阔 1.15 m，由纯棉纱织成。经纱约 50 特（20 公支），纬纱约48 特（20.83 公支），绒纬粗于 370 特（2.7 公支），条干均匀，双面拉毛，细密厚实。

色织布古称斑布，是继平纹组织本色棉布后的发展。利用各种色纱经纬相间，制成不同形式的条子或格子棉布。黑白条纹相间的称"乌骧"，黑白格子纹的称"文辱"，黑白格子纹中间再添织五彩色纱的称"城域"。1958 年新疆于阗的屋于来克的南北朝遗址中出土了一块商人装物用的搭链布，用本色和蓝色棉纱织成方格纹，经密为 25 根/厘米，纬密为 12 根/厘米。而当时海南岛黎族的棉布是"间以五彩"的。这些说明中国少数民族当时生产的色纱与本色纱相间织成条纹或格子纹的色织布极为普遍。为了增添色彩，还采用丝与棉纱交织的办法来生产提花织物，如1960年吐鲁番阿斯塔那6世纪古墓中出土的几何纹锦，用本色棉纱和蓝色丝线交织几何纹提花布。可见，宋以前少数民族生产的棉布品种繁多，有印花布、条子布、格子布，而且已采用提花技术。宋元之际，中国棉纺织业的中心分布于浙江、江西、福建等地。松江一带的"乌泥泾被"传遍大江南北各地。山东邹县元代墓出土的2件本色棉袍，为至正十年（1350年）之物，至今尚坚牢。棉布幅阔34厘米，是线经双纱纬的重平组织；经纬纱直径为0.2毫米左右，经纱为SZ捻向，55捻/10厘米，合股65捻/10厘米，纬纱为S捻向，22捻/10厘米；经密18根/厘米，纬密28根/厘米。山西大同金代墓出土的棉布袜，是大定24年（1184）之物，其纱线和组织与山东上述出土的棉布袍料相似。可见，宋元时期的棉布仍以本色平纹为主，幅阔1市尺左右（约33厘米），质量相当于今天的白细布。

明代是中国手工棉纺织业最兴盛的时期。当时棉布已十分普及，中国衣着原料舍丝麻而取给于棉。历年出土的明代棉织物十分丰富，其品种、规格则与元代相仿。可见长期以来棉布生产仍是沿袭在脚踏织机上以双手投梭织成，故布幅均约尺余，未有改变。明代棉布产量较多，除自足之外尚可出口。清代后期"松江大布""南京紫花布"等名噪一时，成为棉布中的精品。

鸦片战争以后洋布销入中国，虽曾受到中国手工棉织业的顽强抵制，但在外国人控制的低关税保护下，逐步由通商口岸深入内地，由城市深入农村，从而使中国手工棉织业完全趋于破灭边缘。但是土布厚实，适合中国农村的消费传统，手工棉织业在自给自足的小农经济基础上，还存在一定的市场。

1889年上海机器织布局创建，有纱锭35 000枚，布机530台，是中国设立机制棉纺织厂之始。此后，中国自办的棉纺织厂在沿海各地相继出现，到1911年已有纱锭83万枚，布机2 000余台，初步形成中国棉纺织工业的生产规模，生产各种低支棉纱，供国内市场织布之用。由于机器织布的生产效率比手工织布提高不多，利润不大，棉布在手工织机上织造较为有利，故新兴的棉纺织工厂纱锭发展快，布机增加较少。到1936年，全国华商的棉纺织工厂纱锭已扩展达290万枚，布机3万台。以后，由于日本帝国主义的侵略和中国内战等原因，中国棉纺织工业几经挫折，奄奄一息，直到中华人民共和国成立，才走上蓬勃发展的道路；到1980年，棉纺织规模已达到1 780万锭，布机50余万台；2000年发展到4 000余万锭，成为一个对国民经济有重大关系的行业，而且细纱千锭时产量已达世界第一。

3.5 中国印染史

中国对纺织品进行染色和整理加工已有悠久的历史。在旧石器时代晚期中国人已经知道染色。北京周口店山顶洞人遗址，曾发现赤铁矿（赭石）粉末和涂染成赤色的石珠、鱼骨等装饰品。新石器时代的涂彩更多。浙江余姚河姆渡遗址出土酒器和西安半坡遗址出土的彩陶上，有红、白、黑、褐、橙等多种色彩。当时所用的颜料，大都是矿石研成的粉末。除粉状赭石外，青海乐都柳湾墓地还发现朱砂。山西夏县西阴村遗址发现彩绘和研磨矿石等工具。这些矿石的粉末，曾用于纺织品着色。

夏代至战国期间，矿物颜料品种增多，植物染料也逐渐出现，染色和绘画已用于生产多彩色织物。根据《周礼》记载，周代已设置掌染草、染人、画、绘、钟、筐、幌等专业机构，分工主管生产。这一事实证明染色工艺体系已经形成。

秦汉时期设有平准令，主管官营染色手工业的练染生产。所用的颜料除多种矿物颜料外，出现了用化学方法人工炼制的红色银朱。这是中国最早出现的化学颜料。染料植物的种植面积和品种不断扩大，植物染料的炼制到南北朝时已经完备，可供常年存贮使用。隋唐时期，在少府监下设有织染署，所属的练染之作中已普遍使用植物染料，印花的缬类织物盛行，工艺也不断创新。宋代由于缬帛用于军需，官营练染机构进一步扩充，在少府监下建立文思院，内侍省设置造作所。明清除在南、北两京设立织染局外，在江南还设有靛蓝所供应染料；同时还发展猪胰等物质精练布帛，这是中国利用生物酶的先驱。

19世纪中叶以后，中国的染坊仍然处于手工业状态。20世纪初，随着国外印染机械和化学染料的发展，国内的练染业也逐渐使用进口的机械染整设备，并广泛应用化学染料和助剂。20世纪30年代后，开始自造部分染整设备和染料。抗日战争时期，由于内地染整业不能正常生产，导致上海地区的染整工业畸形发展。抗日战争结束后，当时的政府接管了日本在华的印染厂，作为中国纺织建设公司的组成部分。中华人民共和国成立以后，逐步把原中国纺织建设公司所属各印染厂和许多私营印染厂改造成为国有企业，先后在全国各地新建和扩建了大批印染厂，并以科研、革新为基础与引进的国外先进技术相结合，不断提高练漂、印染、整理工艺的技术水平。

3.5.1 练漂工艺技术

3.5.1.1 丝绸精练

中国最早的丝帛精练工艺，是《考工记》记载的周代幌氏沤练法。利用草木灰或蜃（即贝壳）灰液内所含碳酸盐类的碱性，对丝绸交替沤、晒7昼夜，以达到脱胶、精练的目的。湖南长沙子弹库出土的楚国帛书等文物着色良好，说明战国时期的丝绸精练效果已经比较完美。秦汉以来，根据西汉班婕妤的《捣练赋》所述，丝绸精练已进展到利用砧杵的机械作用和草木灰的化学作用相结合的捣练法，以提高生丝的脱胶效率，缩短工艺时间。长沙马王堆汉墓出土丝绸的均匀色光，可以说明当时精练工艺的水平。隋唐时期，官营练染作坊规模宏大。《唐六典》记载：练染作坊有6类，其中"白作"就是专业的捣练作坊。张萱的《捣练图》描写了当时的情景。民间捣练也极为普遍。捣练在宋元时期又有发展，据元代王祯《农书》记述已改用卧杵（图3-29），工人相对坐着捣练，提高了劳动生产率。明代《多能鄙事》洗练篇记载，丝绸精练分为两步进行：初练用草木灰汤，复练用猪胰汤或瓜蒌汤。这种动物或植物内的生物酶使生丝脱胶，是当时丝绸精练的一项创造。清代

《蚕桑萃编》中记载了半练法，也就是部分脱胶，使丝质保持必要的强度，再选择练染的产品质量更趋完美。

图3-29　王祯《农书》对坐砧杵图
Pound Cloths with Pairs of Pestles
（the Yuan Dynasty）

20世纪初，由于国外化学原材料和棉纱、棉布丝光技术的发展，中国的丝绸精练也逐步改用平幅精练。1918年，采用近代技术的上海精练厂开办；1926年，上海大昌精练染色公司（厂）投入生产。在这些工厂中，采用在练槽内加入纯碱和肥皂等精练剂液，由蒸汽升温，平幅悬挂煮练，制品质熟而富有光泽，外观优美。以后，近代的练染工厂逐步取代手工业生产。

3.5.1.2　麻制品练漂

麻制品的精练也是从草木灰、蜃灰和石灰等浓碱液沤练逐渐发展为结合椎捣法。湖北江陵凤凰山西汉墓出土的麻絮制品，可以说明当时沤练工艺的成就。宋元时期更发展了漂白法。元代王祯《农书》记述，采用反复交替的半浸半晒法，既能去除杂质，并可借日光破坏色素，增加自然白度。宋代《格物麤谈》还记载，湿态的葛布可用硫磺熏白。这种利用初生态氢的还原作用，是中国较早的化学漂白法。近代的麻制品练漂，仍用浓碱液沤练，结合草地晒漂或露漂等方式，沤练剂有石灰或烧碱等。

3.5.1.3　棉制品练漂

关于棉制品练漂历史上未见专门记载，由后代的传统工艺推断其发展过程与丝绸精练基本相似。清代在江南地区，曾利用黄浆水（制面筋脚水）发酵液中的生物酶等作用，结合木杵捣练，使棉织物获得白度自然和手感柔软等精练效果。20世纪以来，棉织品练漂逐渐由手工操作演进为用蒸汽的机械化精练，陆续建立烧毛、退浆、高压煮练、丝光和漂白等工序，并采用纯碱、烧碱和漂白粉等助剂。

3.5.2　印染工艺技术

3.5.2.1　颜料和染料

商周时期已利用彩色矿石研磨成粉状颜料，涂染服饰。《周礼》等记载，周代已有赭石、朱砂、空青等颜料品种。朱砂的色光鲜艳，是当时的高贵色彩；植物染料称为染草，有蓝草、茜草、紫草和皂斗。春秋战国时期，纺织品的色谱已基本齐全，紫色是齐国极为普遍的服用色彩，皂斗是主要的黑色染料，后代沿用极广。秦汉以来，色谱继续扩展。由长沙马王堆汉墓出土纺织品所见，矿物颜料绢云母和硫化铅等已经应用。用化学方法练制的银朱、胡粉以及松烟制墨等手工业先后成熟，发展迅速。染料植物种植面积扩大，应用普遍。北魏《齐民要术》记载，当时已创造了制备染料的"杀红花法"和"造靛法"，植物染料经提炼后可长期储存使用。隋唐时期，纺织品的染色普遍采用植物染料。明清时期，中国所产的植物染料和矿物颜料，可适用丝、麻、毛、棉等纤维，历代相沿使用。自1902年化学染料输入后，由于色光和坚牢度都有一定特性，逐渐为各染坊所采用。到1922年，山东济南裕兴化学颜料厂开办，1934年上海大中染料厂和中孚染料厂也相继建成，生产硫化染料，国产的化学合成染料从此逐渐供应市场。

3.5.2.2　染色

商周时期，纺织品的矿物颜料染色称为石染，植物颜料染色称为草染。染色的工具，相传有染缸和染棒。根据颜料和染料的特性，分别采用胶粘剂和媒染剂，建立了套染、媒染以及草石并用等染色工艺，到战国时期，工艺体系已较完整。西汉以后，矿物颜料染色的织物已逐渐少见。由长沙马王堆汉墓出土的染色织品看来，用栀子染成光泽鲜艳的金黄色，用茜草媒染色调和谐的深红色，靛蓝还原染色等技术均已成熟，还运用复色套染，获得棕藏青和黑藏青等冷暖色调。隋唐的官营染色业更为发达，《唐六典》记载，按青、绛、黄、白、皂、紫等色彩，专业分工生产。明代《多能鄙事》和《天工开物》记述，当时已应用同浴拼色工艺，依次以不同的染料或媒染剂浸染，以染得明暗色调。在靛蓝还原染色方面，还利用碱性浓淡和温差，使还原后的色光各具特色。清代的染坊一部分已采用染灶、染釜，以适应升温和加速工艺流程。有关染色的色谱和色名，由天然色彩的纵横配合发展至数百种之多。

20世纪以来，中国开始建立机械染色工业。1912年，上海开办启明染织厂，生产各色丝光纱线；次年，上海达丰染织厂开工，机械练染设备规模较大，其染整部分的产品于1920年正式投入市场。此后，上海、无锡、天津等地的机械染整厂陆续诞生，大批量生产漂布和色布。

3.5.2.3　印花

商周时期，帝王贵族的花色服饰，是通过绘画方式增加文采，并以不同的花纹代表其社会地位的尊卑。《周礼·天官》中内司服所掌管的袆衣，就是画绘并用的花色制品。秦汉时期，型版印花技术继续发展，由长沙马王堆汉墓出土的丝绸印花纱可以看出，用颜料的直接印花制品已有相当水平。缬类花色制品也开始发展，根据新疆民丰县汉墓出土的蜡染花布、吐鲁番阿斯塔那出土的绞缬绸以及于田屋于来克出土的蓝白花布等文物，说明在东汉时，经蜡绘防染的蜡缬已较为成熟。到东晋，扎结防染的绞缬绸已经大批量生产。北朝时，蓝白花布已经应用镂空版防染。因此在南北朝时期，各种蓝地白花的花色织物，已成为民间无分贵贱的常用服饰。隋唐是缬类服饰的最盛时期，制版工艺和印制技术逐步革新，制品花形复杂，套色繁多。新疆吐鲁番出土的唐代褐地绿白双色印花绢等，是具有代表性的制品。唐代"开元礼"制度规定用特定夹缬，"置为行军之号，又为卫士之衣"。宋初仍沿唐制，后即禁止民间服用缬帛和贩卖缬版，阻碍了缬类技术的发展，到南宋时才解禁。蜡缬在西南兄弟民族地区也颇流行，但绞缬几乎失传，只有夹缬中的型版印花是一脉相承，并且还继续发展了印金、描金、贴金等工艺。在福州南宋墓出土的纺织品中，在衣袍上普遍镶有绚丽多彩、金光闪烁的印花花边制品。明清的型版制作更为精巧，维吾尔族还创制了印花木戳和木滚。《木棉谱》记载，清代型版印花工艺，已分为刷印花和刮印花两种。20世纪初，手工印花已逐渐改用纸质或胶皮镂空型版，灰印坊用灰浆防染法生产蓝白印花产品，彩印坊应用水印法生产多彩色制品。1919年，中国机器印花厂在上海创办，开始用机械设备印花；1920年，上海印染公司（厂）成立，此后，大部分棉布印花制品，已由连续转印的滚筒印花机大量生产（图3-30，3-31）。

图 3-30　滚筒印花机及产品
Contemporary Rotary Printing Machine
and Printed Cloths

图 3-31　平网印花机
Contemporary Screen Printing Machine

图 3-32　圆网印花机及产品
Contemporary Rotary Screen Printing
Machine and Printed Cloths

3.5.3　整理工艺技术

3.5.3.1　砑光整理

中国在汉代以前，已经对织物进行整理加工。其一是利用熨斗熨烫，使织物表面平挺而富有光泽；其二是利用石块的光滑面，在织物上进行压碾砑光。1982年，湖北江陵马山战国墓出土丝织品中的一部分绢类织物，表面均富有特殊光泽。1972年，湖南长沙马王堆一号汉墓出土的一块灰色加工麻布，表面也富有光泽，都是经过砑光的制品。砑光整理历代沿用，明清时期，随着棉织物的发展，使用广泛。明代《天工开物》记载，可先浆后碾，使布面更加平整光洁，工艺操作也由碾而演进为踹。清代《木棉谱》记载，已采用重约四五百斤至千斤的元宝形踹石（图2-25），由染坊或踹布坊从事生产，名为踹布，加工后布面光洁，很适于风大沙多的西北地区作为衣料。自近代染整机械发展后，砑光整理工艺渐被淘汰。1925年以后，在天津等地区的染坊中，一部分已改用机器轧光；至1932年，上海光华公记轧光整理厂成立，采用设备较为完美的滚筒轧光机，连续轧制色布或竹布等品种，制品外观美好，光泽匀净。

3.5.3.2　涂层整理

涂层是防护型的整理方法之一。由陕西长安县西周墓出土文物可知，早在春秋时期中国已利用漆液在编织物上进行涂层。西汉以来，用漆液和荏油加工而成的漆布、漆纱和油缇帐等用品，均具有御雨蔽日的功效。《隋书》记载"炀帝渡江遇雨，左右进油衣"，是历史较早的关于防雨服装的记载。宋元时期，宽幅的油缯已经生产。明清时期的涂层制品更为精致，彩色的油绸、油绢以及用这些织物制成的油衣、油伞等用品，都是当时上等防雨用品。涂层技术近代应用普遍。

3.5.3.3 薯莨整理

薯莨又称赭魁，块茎含有红色的几茶酚类鞣质，遇铁媒能生成黑色沉淀，古代曾利用薯莨的汁液，在织物上作特殊的一浴法染色整理。薯莨整理历史悠久，由广州大刀山的出土文物可知，中国远在东晋时期已用薯莨整理麻织物。北宋曾用于染皮制靴。明代《广东新语》记载，沿海渔民用以染整渔网，处理罾布。清代应用最为广泛，除染整葛布作汗衫外，更发展到用于丝绸类织物，制品名为莨纱。染整后的纱罗织物，仍能保持织物孔隙，正面黑色，反面红棕色，具有凉爽、耐汗、易洗、快干等优点，很适于夏季或炎热地区和水上作业人员使用。薯莨整理属于手工艺技术，近代仍相沿使用。

3.6 刺绣史

中国刺绣起源很早，相传"舜令禹刺五彩绣"，夏、商、周三代和秦汉时期得到发展，但多用于衣饰。《书经》和《诗经》中均提到刺绣的服饰。从早期出土的纺织品中，常可见到刺绣品，如湖北省江陵出土战国晚期丝织品中，以多种彩色丝绣出蟠龙飞凤、龙凤相蟠纹和龙凤虎纹。汉代刺绣已有很高水平，在马王堆出土的大量西汉丝织品中，有不少刺绣，用绢、罗作绣料，用锁绣法绣成"信期绣""长寿绣""乘云绣"等纹样。三国时有用刺绣作地图的记载，如孙权使赵逵之妹绣山川地势图。唐永贞元年（公元805年），南海少女卢眉娘，在一尺绢上绣《法华经》七卷。宋代创造了平线绣法，逐步形成丝绣准则，在绣品风格上设色丰富，施针匀细，同时盛行用刺绣作书画、摆饰等。元、明两代，刺绣规模继续扩大，封建王朝的宫廷绣工规模更大，并且向民间勒索大量的刺绣贡品，刺绣的艺术水平又有进一步的提高。元代时已将人物故事题材刺绣于民间服装上。北京定陵博物馆保存有明代刺绣百子图的绣衣，其中百子游戏形态万千，绣纹细腻。明、清之际，民间刺绣艺术也得到进一步的发展，先后产生了苏绣、粤绣、湘绣、蜀绣等名绣，各具独特风格，沿传至今，历久不衰。

3.6.1 苏绣

苏州地区的代表性刺绣，特点是图案秀丽，色彩文静，针法灵活，绣工精致。在刺绣技术上，有"平、光、齐、匀、和、顺、细、密"的特点，绣出的动物栩栩如生。例如，"金鱼""孔雀""小猫"等，都是它的传统作品。苏绣是在顾绣的基础上发展起来的，后来又有创新，出现了双面绣等新品（图3-33）。

图3-33　双面绣及局部
Bifacial Embroidery and a Detailed Part

顾绣是明嘉靖年间进士顾名世家的刺绣技术。他在上海建筑露香园，因其家绣工刺绣巧夺天工而闻名。顾绣的特点是以画作绣，摹绣古今名人书画，无不传神，配色能点染成文，不但翎毛花卉意巧工妙，山水人物亦表达得体。顾绣作品中有佛像、八仙、花鸟、人物、松鹤等，多为画幅类绣品。

3.6.2　湘绣

湖南地区的代表性刺绣。最先为民间刺绣，至清代末叶得到发展，在艺术上也臻于成熟。湘绣的特点是用丝绒线（无捻绒线）绣花，绣件绒面花型具有真实感。常以中国画为蓝本，色彩丰富鲜艳，形态生动逼真，风格豪放，曾有"绣花能生香，绣鸟能听声，绣虎能奔跑，绣人能传神"的美誉。湘绣以特殊的毛针绣出的狮、虎等动物，毛丝有力，威武雄健。湘绣将图案装饰应用到日常用品中去，扩大了绣品的应用范围。

3.6.3　粤绣

广东地区的代表性刺绣。相传最初创始于少数民族，与黎族所制织锦同出一源。粤绣的特点在于用线种类繁多，根据艺术造型的需要而不受限制。在刺绣中施针简单，劈线粗而松，针脚长短参差，且常用金线围绕掩盖，针纹重叠隆起，配色选用反差强烈的色线，往往红绿相间，眩耀人眼，宜用于渲染欢乐热闹的气氛。

3.6.4　蜀绣

又名川绣，是以四川成都为中心的代表性刺绣。相传晋时在川蜀地区已有刺绣。川绣的特点是以套针为主，且分色清楚，在针法上采用斜滚针、旋流针、参针、棚参针、编织针等，绣品色彩鲜艳，富有立体感。

3.6.5　其他各地的刺绣

苏绣、粤绣、湘绣、蜀绣被称为中国四大名绣。除此之外，还有北京的洒线绣，东北的绩线绣，山东的鲁绣，开封的汴绣，杭州的杭绣，温州的瓯绣，福建的闽绣，贵州的苗绣，也都久有渊源，各具特色。在中国维吾尔族、彝族、傣族、布依族、哈萨克族、瑶族、景颇族、侗族、

白族、壮族、藏族的少数民族地区也都有各自的刺绣技艺。绣品大都色彩鲜艳，质朴豪放，用作花帽、腰围、彩带、挂兜等。苗族妇女的衣边、衣袖、披肩、胸襟、裙腰以及背带、鞋帽上都有精美的刺绣花纹，纹样根据民族传统式样绘制，如人物、楼阁、龙鱼、虫鸟、花卉、几何纹等，其中以龙、鸟和一般动物居多。在刺绣技巧上采用多种针法，如平绣、绉绣、辫绣等。此外，还有蚕茧染色，剪出各种形状，采取堆绣绣法。在西藏地区还用刺绣来绣佛经封面。

3.6.6　现代绣

中华人民共和国成立以来，各种刺绣在技法上相互交流，在不失原有风格的基础上创造出许多新的品种。如利用绒（毛）线刺绣的绒绣，与粗针粗丝线刺绣的乱针绣均有粗犷的油画风格。利用双面针刺法绣成双面异色或双面三异等绣品，正反面具有对称或相异的花纹。机器刺绣也在不断完善之中。刺绣产品已逐渐由实用产品向装饰类工艺美术品方向发展，使古老的传统艺术不断推陈出新。

3.6.7　外国刺绣的发展

在世界其他地区刺绣也有悠久的历史和发展，在一定程度上反映出各个时期的文化和艺术水平。同时刺绣还促进了各国家间、各地区和民族间的文化艺术交流，促进纺织品贸易的发展。中国早期刺绣产品和艺术西传后，对西欧洛可可艺术的形成起了一定的影响。

在古埃及文物中有公元400年以前的刺绣制品，当时埃及人已在服装、床帷、垂幕和天幕上使用刺绣作为装饰。在古希腊的瓷瓶上绘有公元5世纪前的服装用刺绣饰纹。6—7世纪，希腊刺绣服装颇为流

行，拜占庭时期还流行过金线的刺绣。1250—1350 年间，英国的刺绣在国际贸易上已享有盛名，称为"英国刺绣"。在 16 世纪，英国与法国在刺绣方面密切合作，在刺绣纹样上保持了一致性，使刺绣在 17 世纪发展为专门职业。大约从 17 世纪起，欧洲开始用精梳毛纱作为刺绣原料，后来大为风行。16 世纪时，刺绣在印度曾是著名的工艺美术品，到 17 世纪末和 18 世纪初被当作大宗商品通过"东印度公司"掠夺性的贸易，而流传到欧洲。它的风格和花形横纹均影响到英国刺绣。17—18 世纪，在伊朗出现了几何纹样刺绣，代替了当时流行已久的动物纹样。18—19 世纪，希腊刺绣在艺术交流中受到影响，产生出许多具有不同风格特点的几何纹绣品。18 世纪中叶，欧洲各国曾流传花草纹样的刺绣，18—19 世纪又产生了缀外缝绣。在约旦也生产有多色彩绣产品，同时印度向西欧各国输出了数量极多的带有金属反光镶片的绣品，被作为衬衣的装饰而广泛流行。在美洲，17—18 世纪的刺绣艺术受到欧洲的影响，南美各地受到西班牙刺绣的影响，在中美洲曾一度盛行羽绒绣。19 世纪末，英国和美国也都盛行过"柏林毛绣"，由于受到"艺术工艺运动"的影响，曾流行过在粗糙的亚麻布上刺绣，19 世纪 60 至 70 年代又盛行过手工绣花。

3.7　中国针织史

现代的针织技术是由早期的手工编织演变而来。针织业在整个纺织工业中是个年轻的部门，迄今约有 400 多年的历史，而中国针织业发展历史仅有 100 多年。但是手工编织针织品很早以前就已存在，可以追溯到上古时期原始人类的渔网编结。早期的手工编织是用两根或数根木（骨）质直针，将纱线弯曲，逐一成圈，编成简单而粗糙的织物。以后逐渐发展成为一种家庭手工业。中国针织机械发展较迟，手工编织和手工钩编一直占有重要地位，延续时间较长，流传至今。中国手编技术水平很高，可编织出现在机器上无法编织的极为复杂的织品。

3.7.1　从手编到机编

1982 年湖北江陵马山战国墓出土纺织品表明，早在公元前 4 世纪中国已有了手工编织物。自从 1589 年英国人 W·李（W. Lee）发明了第一台编织袜片的针织机后，针织生产开始由手工逐渐向半机械化发展。产业革命后，机械化纺纱、织布促进了针织机械的发展。中国开始使用的针织机械，是在清朝末年由国外传到上海和广州的。清光绪二十二年（1896 年）在上海开设全国第一家内衣厂景纶衫袜厂，专门生产桂地衫、棉毛衫和汗衫等。以后在各大城市相继创办和开设了针织工厂和织袜工厂。1896—1949 年的 50 余年间，全国的主要针织机械设备（主要生产内衣）总数不到 1 000 台，所生产的织物仅限于棉、毛、丝为原料的少数简单品种，如汗衫、纱袜、卫生衫裤、棉毛衫裤和围巾等。现在已能制造各类针织机械，生产各类针织物，并发展了机织针织联合的织编技术。

3.7.2　纬编

1896 年中国开始生产汗衫等纬编织物。此后，纬编技术的发展十分缓慢。第一次世界大战以前，中国的针织业处于萌芽时期，全国各地针织厂屈指可数，针织品市场仍由舶来品占据。大战爆发,外货进口减少,中国针织业获得了发展,中国实业家筹备创办针织厂,生产能力大增,品种有所扩大。1907年广州华兴织造总公司创建,1910年江苏松江履和袜厂建立,生产袜子、汗衫等产品,1912年天津捷足洋行建立,生产袜子。这个时期,中国的针织工业设备陈旧,手摇机占相当大的比重,新式电动织机很少,而且多为家庭性质的小型手工业作坊,生产效率很低,产品品种十分单调。20世纪50年代以后,中国已能制造棉毛机、袜机、台车和横机等。20世纪70年代开始设计制造提花圆机。1980年共有圆纬机约2万台,横机约2.4万台,以后发展更快。

3.7.3 经编

经编在中国针织业中发展较晚。1920年左右,舌针经编机由国外传入上海、广州、天津、营口等地。1945年上海申新纱厂从美国进口10台钩针经编机,20世纪60年代初自行设计制造了钩针经编机,70年代又发展了舌针经编机和槽针经编机,到1980年共有经编机约2 000多台,生产的产品有内衣布、外衣布和装饰布等。此后20年中,有很大的发展。

中华人民共和国成立后,针织工业发展迅速,产品质量稳步上升,产品不断翻新。针织产品从传统的内衣扩展到外衣,从传统的服用扩大到家用、装饰用、医用、农用,产品渗透到机织物的各个领域,花色品种不断增加。针织用纱量,1980年比1949年增长近20倍,并建成了专业的针织机械厂和针织织造厂,针织产品已远销国外。20世纪最后的20年中,针织产品在整个纺织生产中的比重越来越大。

3.8 中国化纤史

据南宋(13世纪)周去非《岭外代答》一书记述,广西某县枫树上有"食叶之虫"称作"丝虫",它的外形"似蚕而呈赤黑色",每当五月间"虫腹明如蚕之熟",当地人就捉回用醋浸渍,然后剖开蚕腹取出丝素,在醋中牵引成丝,一虫可得丝长6~7尺(约2米)。这种从野蚕抽丝的方法,堪称是人类人工制丝技术最早的事实。

中国现代的黏胶纤维生产厂创办于20世纪40年代,一在辽宁的丹东(当时称为安东),一在上海。日本侵占东北时期,在辽宁丹东设立了年产约1万吨的黏胶短纤维厂,以吉林开山屯木浆为原料,但1945年以后即已停产,并受到严重的破坏。1950年该厂开始修建并恢复生产,以后又陆续扩充,成为中国东北地区从原料木浆到纤维的规模较大的黏胶纤维生产企业。上海的黏胶纤维厂,原名安乐人造丝厂,后称上海第四化学纤维厂,原为邓仲和在日本侵占上海时期所筹设。他从法国购进陈旧的筒管式黏胶丝制造设备,年生产能力只有400吨左右,但因后处理设备残缺不全,久久不能投产。抗日战争结束后从国外添进后处理设备,直到20世纪50年代初期才正式投产。这个厂规模虽小,但陆续训练了不少黏胶纤维生产技术骨干,一度发展成为上海化学纤维新品种的试生产基地。

20世纪50年代后期,黏胶纤维厂在全国,特别是在上海纷纷成立,从设计装备到运转,全靠自力完成。年生产规模从数千吨到1.5万吨不等,大多以棉短绒为原料,使用木浆的极少。为了配合生产发展,国内相应地建立了木浆厂和棉浆厂生产黏胶纤维的原料,规模最大的木浆厂是吉林的开山屯纸浆厂。

1965 年,从前德意志民主共和国引进技术设备,在北京建成年产 1 000 吨规模的聚酰胺 66 长丝厂,是中国最早的合成纤维厂,以后几经革新和扩充,发展成为特种合成纤维的多品种实验工厂。在同一时期内,中国又从前德意志民主共和国引进设备,在河北保定建立了年产 5 000 吨的黏胶长丝厂,即保定人造丝厂,后有万吨级的生产规模。

以上四个厂对中国化学纤维事业的发展,起到了奠基和先驱的作用。

20 世纪 60 年代初,万吨级规模的维尼纶合成纤维厂在北京建成,设备由日本引进。这个厂的建成,标志着中国合成纤维大规模发展时期的开始。接着中国又依靠自己的力量,在全国各地陆续装备了几所同等规模的维尼纶厂并投入生产。由于科学技术水平的不断提高,其他各种合成纤维品种如涤纶、腈纶、丙纶、聚氯乙烯纤维、聚氟乙烯纤维等都已有各种机织物和针织物形式的产品供应市场。此后,在品种方面还有高强力、高模量纤维、异型纤维、变形纤维及特殊功能纤维等多种形式,陆续开发生产。在机械设备上包括特种设备,如纺丝泵和喷丝头等都已能自行制造并装备工厂。规模更大的以石油化工为原料、以引进国外成套设备装备的化纤联合生产基地也分别在上海金山、辽宁沈阳、四川长寿、天津和江苏仪征相继建成。在我国国民经济翻两番的 1980 年,全国化学纤维的产量为 45 万吨,生产能力在 52 万吨以上。到 2000 年,我国化纤年产量已达到 690 万吨。

3.9 中国服装史

3.9.1 服装的起源

服装在人类社会发展的早期就已出现。古代人把身边能找到的各种材料做成粗陋的"衣服",用以护身。人类最初的衣服是用兽皮和草、叶制成的,包裹身体的最早"织物"用麻类纤维和草制成。在原始社会阶段,人类开始有简单的纺织生产,采集野生的纺织纤维,搓绩编织以供服用。随着农、牧业的发展,人工培育的纺织原料渐渐增多,制作服装的工具由简单到复杂不断发展,服装用料品种也日益增加。织物的原料、组织结构和生产方法决定了服装形式。用粗糙坚硬的织物只能制作结构简单的服装,有了更柔软的细薄织物,才有可能制作复杂而有轮廓的服装。最古老的服装是腰带,用以挂上武器等必需物件。装在腰带上的兽皮、树叶以及编织物,首先是遮蔽生殖器的"前片";后来,又添加后片,用来遮蔽屁股;最后,两侧连起来,就是早期的裙子。原始服装由前片开始,其目的是为了防止当时聚居在一起的近亲男女之间的性行为。因为当时人们已经认识到,近亲繁殖,下一代往往不健康。所以,前片的使用表明,当时的人们,已经知道生理和伦理的统一。

古代服装一般可分为两种基本类型。① 块料型:由一大块不经缝制的衣料组成,包缠或披在身上,有时用腰带捆住,挂在身上。例如古埃及人、古罗马人和古希腊人穿着的服装。② 缝制型:用织物或裘革裁切缝制成为小褂和最早的裤子。这种原始服饰直到现在还留存在许多民族之中，如爱斯基摩人和中亚一些民族所穿的服装。

3.9.2　中国历代服饰（彩图 77～84）

中国服装的历史悠久，可追溯到远古时期。在北京周口店猿人洞穴曾发掘出约 1.8 万年前的骨针。浙江余姚河姆渡新石器时代遗址中，也有管状骨针等物出土。可以推断，这些骨针是当时缝制原始衣服用的。中国人的祖先最初穿的衣服，是用树叶或兽皮连在一起制成的围裙。后来每个朝代的服饰都有其特点，这和当时农、牧业及纺织生产水平密切相关。春秋战国时期，男女衣着通用上衣和下裳相连的"深衣"式，大麻、苎麻和葛织物是广大劳动人民的大宗衣着用料。统治者和贵族大量使用丝织物，部分地区也用毛、羽和木棉纤维纺织织物。汉代，丝、麻纤维的纺绩、织造和印染工艺技术已很发达，染织品有纱、绡、绢、锦、布、帛等，服装用料大大丰富。出土的西汉素纱襌衣仅重 49 克（图 3-34），可见当时已能用桑蚕丝制成轻薄透明的长衣。隋唐两代，统治者还对服装做出严格的等级规定，是服装成为权力的一种标志。日常衣料广泛使用麻布，裙料一般采用丝绸。随着中外交往增加，服饰也互有影响，如团花的服饰是受波斯的影响，僧人则穿印度式服装"袈裟"。现今日本的和服仍保留着中国唐代的风格。唐宋到明代服饰多是宽大衣袖（图 3-35），外衣多为长袍。清代盛行马褂、旗袍等满族服饰，体力劳动者则穿短袄长裤。近代，由于纺织工业的发展，可供制作服装的织物品种和数量增加，促进了服装生产。辛亥革命后，特别是"五四"运动后，吸收西方服饰特点的中山

服、学生服等开始出现。1950 年以后，中山服几乎成为全国普遍流行的服装，袍褂几近消失。20 世纪 80 年代以后，西式服装逐步普及。随着大量优质面料的出现，服装款式也有发展。现代服装设计已成为工艺美术的一个分支，而服装生产已经实现工业化大批量生产。

图 3-34　西汉素纱襌衣
Gauze Unlined Gown Weighing 49 Grams
（the Western Han Dynasty）

图 3-35　唐代女服
Woman Clothing of the Tang Dynasty

3.9.3　服装的功能

服装有保健和装饰两方面的作用。① 保健：服装能保护人体，维持人体的热平衡，以适应气候变化的影响。服装在穿着中要使人有舒适感，影响舒适的因素主要是用料中纤维性质、纱线规格、坯布组织结构、厚度以及缝制技术等。② 装饰：表现在服装的美观性，满足人们精神上美的享受。影响美观性的主要因素是纺织品的质地、色彩、花纹图案、坯布组织、形态保持性、悬垂性、弹性、防皱性、服装款式等。

4 专 论

专论是编者关于纺织史的研究论文，其中一部分曾在国内外学术会议上宣读，并刊登于相关会议论文集中。

4.1 汉语论文

4.1.1 英语称中国为 "China" 的由来

——写成于 1997 年，发表于《上海欧美同学会会刊》

中国在英语中为什么被称为 "China"？有几种说法：有的认为英语中称瓷器为 "China"，而瓷器是中国人发明的，所以 "China" 即 "瓷器之国"；有的说是从中国人发明的饮料 "茶" 的读音转化而来的，即 "茶叶之国"；还有一说是秦始皇统一中国，《史记》《汉书》等文献中有关于北方和西北邻国或邻族称中国人为 "秦人" 的记载，所以 "China" 是由 "秦" 音变而来的。

这些说法有待商榷。因为瓷器到晋代才有比较精细的产品，茶叶大量出口也比较晚，中国第一本关于茶的书《茶经》，是被视为 "茶神" 的唐人陆羽（733—约804）写的。在这两种产品大量输出之前，外国早已知道中国了，不会因为某种商品普及而把原产地的名称更改。秦朝虽强大，但统一全国的秦只存在了 15 年，便被同样强大，而且通过张骞通西域而被西亚、东欧等地知晓，延续 400 余年的两汉所取代。若说对外的影响，汉和唐的影响比秦大得多。日本人把中国方块字称为 "汉字"，欧、美、澳等地各大都市华人集居区往往有 "唐人街"，便是明证。

要想搞清 "China" 一词的语源，还得从欧洲文化史和 "丝绸之路" 入手。欧洲中世纪之前，文明传自希腊、罗马。公元前 6—8 世纪有希腊文文献留存，现代西方科技文献中还常利用希腊字母。公元前 6 世纪之后，有罗马时代流行的拉丁文文献留存。拉丁文在随罗马帝国瓦解而分化成法文、意大利文、西班牙文等之后，在宗教、科技领域还曾长期被作为书面语言使用，就像我国长期用文言文写作一样。我国解放后西医开处方还常使用拉丁文，而不用中文。英文是后起之秀，公元7 世纪之后才有文献留存，其形成晚于法语，因此英文中存有一些法语词汇。

欧洲古希腊、罗马文献中，曾称中国为 "赛里斯"（Serice），其发音由丝（si）演变而来。这是因为中国是世界上最早养蚕缫丝的国家。蚕丝很早就传到世界上许多国家，即通过著名的 "丝绸之路" 传入西方。事实上，丝绸之路在张骞通西域之前早已存在。现代英语称养蚕为 "Sericul-ture"，即由此而来。罗马时代，欧洲、西亚和印度（考底利耶[①]的《政事论》）等地对中国的称呼，据记载有 "Sinae" "Thin" "Cina" 等，不难看出，也是由丝（si）加鼻音词尾和音变而来。在拉丁文中，用得最多的是 "Sinae"，现代英语中，称中日战争为 "Sino-Japanese War" 称中国大百科全书为 "Encyclopedia Sinica"，都是沿用拉丁文。法语从拉丁文中分化出来后，"Sinae"就音变为"Chine",法语读音为"希奈"(法语和英语中,"ch"的发音是不同的,法语为"世",英语为"蚩")②。佛经中有称"支那"的。由印度传入的佛经读音和现代汉字读音有出入,而日语有假名记音,不会走样,"支那"的日语读音是"希那",可见与法文"Chine"是同一词。在现代英语中,丝织品"双绉"叫做"Crepe de Chine",发音为"克列普迪希呐",便是中国绉,来源于法语。现代俄语中也按此音译为"克列普极(对应英语的迪)希恩"。

英语形成时,吸取了法语词汇,但是拼法变成了"China",后来读音也按英语习惯念成"茶伊那"。上海有条"番(pan)禺路"("番禺"是地名),但许多人读成"番(fan)禺路",因为"番"字在别的地方都读成"fan"。英语的音变也不足为奇了。

由此可见,中国的西方称呼的语序和语音演变过程是:Si → Sinae → Chine → China。

注释:

① 考底利耶活跃于公元前4世纪,相传著有《政事论》、亦译《利论》和《治国安邦术》。该书记有"cinapatta"这个词,意为"产生在中国的成捆的丝"。

② "ch"有三种读音:第一读"去",如March,teacher;第二读"许",如machine;第三读"克",如mechanics,chemistry。"China"中的"ch",在英语中读第一种;法语中读第二种;在德国某些地区,读第三种,即读成"kina";东欧如俄语发音是"kitai",可能与此有关。

4.1.2 回文诗《璇玑图》
——写成于2005年,未发表

[摘 要] 东晋女子苏蕙,用五色丝织出回文诗,名《璇玑图》。首次发掘出汉字组合"画"的带有立体感的平面(二维 + 明度维)性(或"准立体性")和"棋"的二维变幻性,把汉字文化推上划时代的新高度,曾广为流传。本文简介其结构特点。

[关键词] 苏蕙,丝织,回文诗,璇玑图,二维变幻,准三维

我国从东汉起,盛行在丝织物中织入汉字,但大多只织入少数几个字。东晋女子苏蕙,曾用五彩(红、黄、蓝、紫、黑)色丝,织出回文诗,名《璇玑图》。全文841字,可用倒、顺、轮转、回转、退字、借字、蛇行、放射、向心等等多种读法,读出诗二百余首。我国传统"琴、棋、书、画"四艺,《璇玑图》体现了除"琴"以外的三艺,可谓是划时代的创造。弘扬汉字文化,苏蕙作出了杰出的贡献。在小说《镜花缘》第41回中,有一些描写,但未划分板块,不易看懂,评价也远未到位。

4.1.2.1 故事

《晋书·窦滔妻苏氏传》:"窦滔妻苏氏,始平(今陕西扶风)人也。名蕙,字若兰,善属文。滔,苻坚(16国之一前秦的首脑)时为秦州刺史,被徙(下放)流沙(古代泛指西北沙漠地区)。苏氏思之,织锦为回文璇图诗以赠滔。宛转循环以读之,词甚凄惋,凡八百四十字。"在《辞海》中,有《织锦回文》条目,但未附原文。

4.1.2.2 全文结构

全文见图4-2,引自《镜花缘》,笔者作了若干校正(因不能印彩色,只能用不同字体排印,下文略加说明,参看彩图85——编者注)。纵横共29行、29列,据传原件长宽各8寸(约27厘米)。以第8,22行和第8,22列组成的"井"字,把全文划分成9个板块。其中,第2,4,6,8板块各分成3个"子板块",如:2.1,

2.2，2.3；4.1，4.2，4.3；等。第5板块则划分成9个"子板块"：5.1，5.2，5.3，…，5.9。如图4-1所示。图中，A×B表示（横）行数为A，（纵）列数为B，等等。色名后括弧内数字为该色的明度值。在图4-2中，对行、列加上编码。下文中，（a，b）表示第a行，第b列的字。如：（15，15）表示第15行，第15列的字，即"心"字。

1（草坪）黑色（0）6×6	2.1（裙房）蓝色（5）6×5	2.2（裙房）蓝色（5）6×3	2.3（裙房）蓝色（5）6×5	3（草坪）黑色（0）6×6
4.1（裙房）蓝色（5）5×6	5.1（塔楼）黄色（79）4×4	5.2（天井）紫色（0.15）4×5	5.3（塔楼）黄色（79）4×4	6.1（裙房）蓝色（5）5×6
4.2（裙房）蓝色（5）3×6	5.4（天井）紫色（0.15）5×4	5.5（塔楼）黄色（79）5×5	5.6（天井）紫色（0.15）5×5	6.2（裙房）蓝色（5）3×6
4.3（裙房）蓝色（5）5×6	5.7（塔楼）黄色（79）4×4	5.8（天井）紫色（0.15）4×5	5.9（塔楼）黄色（79）4×4	6.3（裙房）蓝色（5）5×6
7（草坪）黑色（0）6×6	8.1（裙房）蓝色（5）6×5	8.2（裙房）蓝色（5）6×3	8.3（裙房）蓝色（5）6×5	9（草坪）黑色（0）6×6

图4-1　《璇玑图》结构示意
Structure of the Poetic Meander Map "Xuan-ji-tu"

（1）"围墙"

第1，29行和第1，29列是全文的外框，称作"围墙"，见图4-2。由112个红色字组成（图4-2中用黑体表示），构成7言诗4首16句。

（2）"井栏"

第8，22行和第8，22列组成"井"字形，称作"井栏"，也由红色字组成，共116字，其中8个字与"围墙"合用，实际用112字，构成7言诗16句。

（3）四角

由"围墙"和"井栏"围成的四个角，即图4-1中第1，3，7，9板块，每个36字，各构成3言12句，都为黑色（图4-2中以楷体表示）。

（4）四侧

即图4-1中第2，4，6，8板块，每个由78个（6×13或13×6）蓝色字组成（图4-2中以隶书表示），各分成3个"子板块"：6×5（如2.1），6×3（如2.2），6×5（如2.3）。其中，6×3子板块是共用的（图4-2中以楷体表示）。例如，"子板块"2.1和2.2，"子板块"2.2和2.3各自组成4言12句，即8言6句。

（5）中央板块5

分成9个"子板块"：5.5是核心，为黄色（图4-2中以楷体表示），除"心"字外，构成4言6句。5.1，5.4，5.6，5.8各为5言4句，为紫色（图4-2中以隶书表示）；5.1，5.3，5.7，5.9各为4言4句，为黄色（图4-2中以楷体表示）。

4.1.2.3　结构特点

（1）块面布局

由图4-2可见，全文以（15，15）"心"字为中心，作对称布局。大部分相邻板块、子板块之间，纵（横）向行（列）数的相差为最小值1。例如：板块1与2.1或4.1，子板块5.1与2.1或5.2的列数差，与4.1或5.4的行数差，等等。这样使得板块看上去不呆板，而有灵活感。但有一些子板块之间相差较大。例如，2.2与2.1及2.3之间，2.2和5.2之间。这是不是随意的呢？

子板块2.2为6行3列，2.1和2.3均为6行5列。而3/5=0.6，其值十分接近"黄金分割"（0.618）。同样，子板块2.1/（2.1+2.2）=5/（3+5）=0.625，子板块（2.1+2.2）/板块2=8/13=0.616。子板块2.2与5.2的列数比是3/5，行数比是4/6（=0.667），比值都与黄金分割接近。可见，其块面布局是合乎美学原则的。

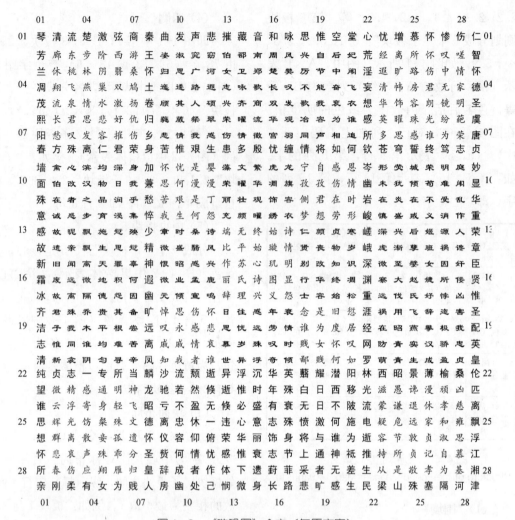

图 4-2　《璇玑图》全文（复原方案）
Recovery of the Poetic Meander Map "Xuan-ji-tu"

（2）配色

色彩配置也极其巧妙。以可定量的色明度为例，图 4-1 中有明度近似值（因为原图已不存，不能确定准确的色彩，只能凭色名取大致的值）。中央板块 5 内，核心子板块 5.5 和它的 4 个犄角子板块（5.1，5.3，5.7，5.9）都是黄色，明度为79。子板块 5.5 的左右、上下 4 侧（5.2，5.4，5.6，5.8）均为紫色，明度约为0.15。如把明度比作高度，则中央板块好比耸立的塔楼，布成梅花形。其核心的四侧各有一个种满灌木的天井，最为引人注

目。塔楼外围 4 侧（板块 2，4，6，8）均为蓝色，明度为 5。好像高楼四周的裙房。中央板块的 4 个犄角（板块 1，3，7，9）均为黑色，明度为 0，好像草坪。总体看来，像是金字塔。红色的明度为11。好比围墙和隔墙。所以，全景富有立体感。也就是说，如果把色明度看作是第三维，则《璇玑图》便是"三维"结构。所以，可称为"准三维"结构。

这种通过色彩形成诗句的层次布局，对于没有受过配色训练的人和在明亮的光照下，不太容易察觉。但在夕阳西下时，

如果把《璇玑图》放在不开灯的房间内，那么，随着光线的逐渐暗淡，首先是草坪和天井依次变得模糊，好比被涨上来的洪水淹没了。剩下在围墙和隔墙包围中的塔楼和裙房，形成一个大"十"字。接着，天色进一步变暗，裙房也变得模糊，只剩下围墙和隔墙包围中的梅花形的塔楼群。正好比洪水进一步上涨，把裙房也给淹了。当天变得更黑时，连围墙和隔墙也模糊了，只剩下塔楼群岿然不动。这是多么奇妙的景色！

4.1.2.4　基本诗句

因为可以进行倒、顺、轮转、轮流等多种读法变化，能读出的诗达 200 余首。如果不考虑变化，就是基本诗句。其读法，由中心"心"（15，15）开始，其上方为"始"（14，15），往左、往下（反时针方向）："始平苏氏。"接下去，从"心"右上方"璇"（14，16）往下、往左（顺时针方向）："璇玑图诗。"然后，由"璇"字上方"始"（13，16）反时针方向："始终无端，比作丽辞。"再由璇字右上角"诗"（13，17）往下、往左（顺时针）："诗情明显，怨义兴理。"

子板块 5.3，从右上角"恩"（9，21）往左："恩感自宁。"转下面一行往右："孜孜伤情。"再转下面一行往左："时在君侧。"又转下面一行往右："梦想劳形。"这是"蛇行"读法。

子板块 5.6，从右上角开始，往下，逐行往左，共 4 行："寒岁识凋松，贞物知终始，颜丧改华容，仁贤别行士。"

子板块 2.2＋2.3 自左往右，逐行往下，共 6 行："邵南周风，兴自后妃；卫郑楚樊，厉节中闱；咏歌长叹，不能奋飞。齐商双发，歌我衮衣；曜流华观，冶容为

谁？情徵宫羽，同声相追。"子板块 2.2＋2.1 自右往左，逐行往下，共 6 行："周南邵伯，窈窕淑姿；楚郑卫女，河广思归；长歌咏志，遐路逶迤。双商齐兴，硕人其顽；华流曜荣，翠粲葳蕤；宫徵情伤，感我情悲。"

板块 3 右上角起往左："嗟叹怀，所离经；"转下一行往右："遐旷路，伤中情。"再下一行往左："家无君，房帏清；"转下一行又往左："华饰容，朗镜明；"下一行再往左："葩纷光，珠曜英；"下一行再往右："多思感，谁为荣？"也是"蛇行"读法。

井栏中间方框，右上角（8，22）"钦"往下、往左、往上、往右（顺时针）7 言 8 句："钦岑幽岩峻嵯峨，深渊重涯经网罗，林阳潜曜翳英华，沉浮异逝颓流沙。麟凤离远旷幽遐，神精少悴愁兼加，身苦惟艰生患多，殷忧缠情将如何！"

围墙同样，从右上角（1，29）"仁"起，顺时针每首 7 言 4 句，共 4 首："仁智怀德圣虞唐，贞妙显华重荣章；臣贤惟圣配英皇，伦匹离飘浮江湘。津河隔塞殊山梁，民生感旷悲路长；身微悯己处幽房，人贱为女有柔刚。亲所怀想思谁望？纯清志洁齐冰霜，新故感意殊面墙，春阳熙茂凋兰芳。琴清流楚激弦商，秦曲发声悲催藏，音和咏思惟空堂，心忧增慕怀惨伤。"

4.1.2.5　变化示例

（1）轮转

井栏中间方框，下推一句，仍为 7 言 4 句："深渊重涯经网罗，林阳潜曜翳英华，沉浮异逝颓流沙，麟凤离远旷幽遐。"再下推一句："林阳潜曜翳英华，沉浮异逝颓流沙。麟凤离远旷幽遐，神精少悴愁

兼加。"依次可一直推下去。

(2) 岔道

围墙第一句结束，向左拐弯，循板块3的外围转一圈："仁智怀德圣虞唐，贞志笃终誓穹苍，钦所感想妄淫荒，心忧增慕怀惨伤。"也可以从第三句开始，到第四句结束，左拐弯，向左一句结束，再向上拐弯，成7言4句："臣贤惟圣配英皇，伦匹离飘浮江湘。津河隔塞殊山梁，民生推逝电流光。"

(3) 倒序

可逐句倒序，如围墙右侧："伦匹离飘浮江湘，臣贤惟圣配英皇，贞妙显华重荣章，仁智怀德圣虞唐。"还可以逐字倒序，如上面一首可以倒读："唐虞圣德怀智仁，章荣重华显妙贞，皇英配圣惟贤臣，湘江浮飘离匹伦。"

此外，还有退一字、借若干字、轮流读、间隔左右分读、对角线、放射线等等，不胜枚举。例如，板块2也可以取左右各6字成句："周风兴自后妃，楚樊厉节中闱，……"从中心"心"字起，向上下左右放射："玑明别改知识深，微至璧女因奸臣，苏作兴感昭恨神，辜罪天离闻旧新。"还可以从上、左上斜角、左、左下斜角向中心读各一句："南郑歌商流徵殷，廊桃燕水好伤身，新旧闻离天罪辜，春哀散粲轻神麟。"这称为回转读法。再如板块3，还可以向左、向右分读："怀叹嗟，所离经，路旷遐，伤中情……"半段顺读："怀叹嗟，伤中情，君无家，……"分左右间隔一句："怀叹嗟，路旷遐，君无家，……"借一字成4字句，左右间隔读："怀所离经，路伤中情……"借2字，成5言："离所怀叹嗟，旷路伤中情……"可谓变化无穷。

4.1.2.6　苏蕙对汉字文化的主要贡献

苏蕙创作《璇玑图》的突出贡献，主要在于历史上第一次发掘出了汉字组合至少有两个特有的功能。这些功能，在英文和许多西方文字中是找不到的。

(1)"画"的带立体感的平面性或"准三维"性

汉字组合是语言的记录。历来散文都只具有一口气念到底的"线性"结构，或称"一维"结构。诗歌可以吟唱，具有乐谱和歌词两条平行线结构，或称"双一维"结构。无论是普希金的诗、莎士比亚的剧，还是贝多芬的曲，都可以录音、广播，是音频技术的处理对象，可由耳朵感受。而画（含书法条幅）则具有平面结构，或称"二维"结构，无法用音频技术处理，也不可能由耳朵感受。它是视频技术的处理对象，只能由眼睛感受。苏蕙首创用汉字组合结合织锦技术和色彩运用，构成有立体感的"二维"结构或称"准三维"性的纹样画面，这是汉字组合由"一维"向"二维"以及更高"维"的"质变"，是史无前例的。

(2)"棋"的"2维"变幻性

历来文字作品完成之后，就一成不变。国外，曾经有人研究出变幻写法，如英文中，流传"ABLE WAS I ERE I SAW ELBA"，这是以失败后被流放到埃尔巴岛的拿破仑的口气说的话，按字母顺序、倒序都可以读。可意译为汉语"余为帝，拘岛前"；按字倒序则为"前'岛拘'，帝为余"。不过，这种变幻，只是"线性"或"一维"的。二维变幻，在数学中，有幻方和矩阵，但用在文字组合中，在苏蕙之前从未见过。《璇玑图》织成之后，其读法在"二维"的平面上千变万化，层出不穷，好像一盘棋子，可以着生出无数变幻莫测的棋局一般。苏蕙首次发掘出汉字组合的"二维"变幻性，使纹样拥有生命活力，并大大扩展了汉字组合所能存储的信息容量，使其具有像数学中的"幻方"或者玩具"魔方"一般"引人入胜"的魅力。

此外，苏蕙的作品是手绘的，其书法也一定有可欣赏之处，所以《璇玑图》一定具有"书"的艺术性。只可惜原件没有保存下来，无法描述。

4.1.2.7　《璇玑图》的现实意义

(1) 汉字组合的特性值得进一步发掘和研究

汉字组合是中华民族的文化宝库。其特性还远没有穷尽。汉字组合的现代化，虽然已经能实现电脑输入，但还限于线性的"一维"结构。对于《璇玑图》那样的"二维"和"准三维"结构，还不能轻易地输入电脑和自由地加工，有待于信息界精英们的进一步努力。

(2) 苏蕙的贡献对当今青年的启示

① 女青年在文化创新方面是大有潜力的。苏蕙创作《璇玑图》时，只有二十几岁。她通过技术与艺术的结合，为中华文化做出了划时代的贡献。这对现今社会主义条件下的女青年是莫大的鼓舞。

② 文化创新足以提升夫妻间爱情生活的质量。《璇玑图》使苏蕙的丈夫大受感动。当时在民间广泛传抄，社会影响很大。这一历史经验，难道不值得今天的年轻夫妻们借鉴吗？

4.1.2.8　结束语

苏蕙和她的《璇玑图》在文学史上，已经名留青史，但是在纺织界、美学界，特别是信息界，还鲜为人知和研究，特别是结合现代技术的研究，也远未深透，而且对她的评价还远未到位。对这个织锦技术的奇葩，值得广为宣传，从而引发青年精英们对汉字组合及其现代化进一步研究的兴趣。

4.1.3　中国特色成功之道
——写成于 2010 年，未发表

[摘　要]　困难无处不在，自发产生。自然的结果是"物极必反"。如富人往往因营养过剩而患病。应对方法有二：西方人被动应付，而中国人自觉调控。处理广泛存在的矛盾也有两种办法：西方人排他压制与中国人宽容和谐。强行推广美式"民主"，受到广泛抵制，而和平共处原则，却被普遍接受。中国人历史上排除万难取得成功的宝贵经验是：在矛盾转化上，坚持"中庸"，即适度；在矛盾统一上，坚持宽容，以求和谐，而和谐也是以适度为基础。

[关键词]　困难，适度，中庸，和谐，宽容，成功

做人很不容易。当代中国人，青少年时期为应试，一次又一次小考、中考、考级、高考、考研……伤透脑筋；中年时期为拼搏，一波又一波地为买房、买车、子女上学……苦战不休；老年时期为保健，一阵又一阵地求医问药、体检、进补、健身……东奔西走。人人神经紧张，都要"排除万难，去争取胜利"。但我中华民族，历史上经历过千难万险，今天却能够屹立于世界，而且蒸蒸日上，一定有一套克服困难，取得成功的秘诀。这是值得我们总结的。

4.1.3.1　困难无处不在，自发产生——家家有一本难念的经

世上很少有"一帆风顺"，恰恰相反，"家家有一本难念的经"。例如，生活改善了，人们开始讲究营养，追求健康，但近些年来，许多人营养过剩，出现了糖尿

病、高血压、脂肪肝等"富贵病",孩子因成为"胖墩"而发愁。以前曾经强调"人多好办事",但后来人口过多,生存空间和资源不够,安排就业成了大问题。在世界范围内,各国之间互相争夺资源和市场,导致战争反复。再如工业多则国家富,但过度发展工业,破坏了环境,引起癌症高发。某些行业规模过大,竞争激烈,企业利润率大降,劣势企业面临淘汰。所以,自发的结果是"物极必反",形成反复震荡。老话说"富不过三代";历史上,一个王朝不出十世,就要发生动乱;"穷人的孩子早当家",穷则思变;"三十年河东,三十年河西,六十年风水轮流转"。

4.1.3.2 两种应对困难的方法

那么,怎样来应对困难呢?西方人往往是被动应付,结果疲于奔命。例如对富贵病,采取吃药打针;对生存空间和资源不足,采取军备竞赛,武力争夺;对环境污染,采取先污染后治理,吃力不讨好。

中国人则多采取自觉调控,以适度求平衡。例如对富贵病,采取调控饮食,适当运动;对生存空间和资源不足,采取计划生育;对环境污染,现在已认识到,必须采取统筹,力争防患于未然。

4.1.3.3 中国人应对困难方法的关键——中庸之道

从理论上来说,中国人应对困难方法的关键,是讲究适度,即儒家所总结出来的"中庸之道"。儒家认为中庸是"常道,常行之德,天命之性,天下之正道、正理"[1]。孔子:"中庸之为德也,其至矣乎!"[2]这就是说:"中庸"是自然和社会的根本法则,道德行为的最高标准,世界万物的基本秩序。利用对立面相互依存的

关系,防止事物发展到极端而向反面转化。儒家主张"无过无不及",就是不走极端;"宽以济猛,猛以济宽",就是以一端制约另一端;"居安思危",就是兼顾两端;"天下有道则见,天下无道则隐",就是个人应时权变。好比"文化大革命"期间,许多人当了"逍遥派",不积极投入运动,而埋头学外语、钻学术……,运动结束,正好拿出来派用场。而积极搞运动的人,后来却后悔浪费了大量的光阴。

4.1.3.4 矛盾必然共处——世界是多样的

世界是多样的,矛盾到处存在。例如成年男人一定要与一个女人结为夫妻,组建家庭,成为社会的"细胞",社会才可能持续。西方流行"性解放",导致了艾滋病的高发。但夫妇争吵,磕磕碰碰是难免的。再如生产企业,一定有劳方和资方,国有企业,国家扮演资方的角色。劳资纠纷,也是经常发生的。美国亨廷顿(Samuel Huntington)提出《文明冲突论》,认为1992年苏联解体后,社会主义阵营失败,两大阵营不再存在,冷战结束。世界矛盾变为不同文明之间的冲突。我们认为,"文明冲突论"的实质是:回避矛盾,转移视线。因为,西方与伊斯兰的"文明冲突"实质是经济利益冲突。例如:美国打伊拉克,是为了石油。

不过,不同文化之间,存在差异和矛盾,也是不争的事实。

4.1.3.5 两种应对差异的方法

对待多样的、充满矛盾的世界,西方人和中国人的应对方法有根本的区别。西方人采取"同"的原则,即把自己看作最佳的典范,排他压制。结果,愈压愈乱。例如:强行推广"美式"民主、西方文化、"美式"人权,奉行双重标准,美国

国内"私闯民宅"犯法，但入侵伊拉克，抓捕其合法总统，还以"大规模杀伤性武器"为借口。历史上唯一的一次使用该种武器杀死几十万老百姓的，却是美国于1945年在日本广岛、长崎投放的。现在以"反恐"名义发动战争，愈打击，"恐怖事件"愈多。历史上，澳大利亚殖民当局将原住民强行驱赶到生存条件极差的地区，还强行把原住民的新生婴儿交给白人家庭抚养，使原住民的下一代根本不知道母语，从而强制他们"同化"于白人。

中国人与西方人正好相反，采取"和"的原则，即主张包容融合，结果是"和则兴"。例如，中国提倡和平共处，一国两制，社会主义中国可以容许存在资本主义的地区。现阶段经济成份，允许一定比例的私人资本存在。政治上，实行多党合作，互相监督，长期共存。文化上，实行百花齐放、百家争鸣。历史上，对待少数民族，采用"和亲"政策，争取和睦共处。在国内，从基本人权（生存权、公民权）入手，推行中国式的民主，并且逐步扩大民主。

4.1.3.6 中国人应对差异方法的关键——和为贵

从理论上，中国人应对差异方法的关键是"和谐共存"，即包容协调，互补共赢，逐步融合。儒家主张"和而不同"[3]，即不强求一致，而求和谐共存。《国语·郑语》中说："和实生物，同则不继。以他平他谓之和，故能丰长而物归之；若以同裨同，尽乃弃矣。"韦昭注："裨（bi），益也。同者，谓若以水益水，水尽乃弃之，无所成也。"[4]这就是说，相异之物协调并进，就会发展；相同之物互相叠加，窒息生机。《中庸》"万物并育不相害，道并行

而不相悖"，即主张多元并存。千篇一律、千人一面、"一言堂"的缺点，十分明显；"双百方针"的实效，众所共知。

和谐必须以适度为基础。例如：允许适度剥削，才能争取劳资两利；局部包容资本主义，才有可能争取两岸和平统一。

4.1.3.7 "和"的目标三层次

"和"的目标，有三个层次，因此，有不同的含义和起始点。

（1）个人层次

"和"是指"衡形意"，即形体与精神、行为与思想、生理与心理的均衡。"四肢发达，头脑简单""聪明伶俐，弱不禁风""身体健康，思想低俗"，都是形意失衡的表现。在形体之中，还有左脑的逻辑思维与右脑的形象思维的均衡；在意识之中，又有"存于心"和"出于口"的均衡。"口蜜腹剑"是意识失衡的表现。只有形意均衡，不做"两面派""假面人"，才能言行一致、表里如一。衡形意的起始点是"诚实"。

（2）社会层次

"和"是指"均他我"，即自己与他人的平衡，承认不可避免的差距，努力缩小差距。儒家主张推己及人，"己所不欲勿施于人""老（幼）吾老（幼）以及人之老（幼）"。以大家做到"我为人人"，来争取实现"人人为我"。好比每个青年人如果都能做到在公交车上给老人让座，那么，当他们自己老了的时候，就不愁没有人给他们让座。"均他我"的起始点是"仁爱"。

（3）宇宙层次

"和"是指"合天人"，即把人类看作是大自然的很小的一部分，人与大自然是一体的，因此，人只能影响大自然，但没

有改变大自然的能力，人要主动适应大自然。天一冷，许多人的血压升高，呼吸道感染疾病高发。人离不开大自然，如果缺氧，人的生命只能维持几分钟；如果缺水，只能维持几天；如果缺食物，最多维持几个星期。人改变不了天气，只能适应天气的变化。干旱、台风、地震……人也无法避免。人的行为如果损害了大自然，如工业造成环境污染、臭氧空洞，其后果只能是人类自己受害。人类违反自然的性滥交行为引发了性病流行，甚至艾兹病高发。"合天人"的起始点是"敬天"，即小心谨慎，以避免大自然的"报复"。

4.1.3.8 和谐才成世界

事实上，世界本质应当多样。五音共鸣，成为音乐，而"孤掌难鸣"；五味共处，成为美食；五色纷呈，是为多彩。今天的服装琳琅满目，美不胜收。往年清一色的"红海洋"和一片蓝黑，早已不受欢迎。五族共和，构成国家；异种并存，生态平衡。日本一家宾馆的双人客房卫生间里，供应两支不同颜色的牙刷，避免两位客人互相用错牙刷，不增加成本却更卫生。中医复方配伍，宽猛相济，可以免去毒副反应。而"一枝独秀"，不成世界。

生物界排异与容异反应并存。人体排异反应可以防止病菌、病毒入侵，但不利于器官移植，必须控制排异，宽容异物（植入的器官）存在。成年女性容许男性生殖细胞进入体内，并分裂发育。近亲繁殖，其种不繁，必须吸纳相异的基因。西医分科愈来愈细，检查了心、肺、肝、肾、胃……跑了许多科，定不了是啥病。好比查了各个零件，却不知整个机器的病。所以人们已开始认识需要兼通各科的"全科医生"。相异的东西，一方必以另一方的存在为前提。多元文化长期并存，优势互补，是必然的趋势。

4.1.3.9 蚕丝的发明——以中求和

在科技创新上，也有这方面的例子。蚕丝的发明，就是最典型的。蚕本是桑树之害虫，蚕和桑互相矛盾，势不两立，你死我活。共荣之道只有人为分离：尽取蚕下树，适度摘叶喂，这样就自然和谐，共存共荣。所以，实行中庸之道，掌握适度，进行人工调节，可以两全其美、和谐共荣。

4.1.3.10 中国人宝贵的历史经验

由上述可见，中国人宝贵的历史经验，或者排除万难取得胜利的秘诀是：在矛盾转化上，坚持"中庸"，即适度；在矛盾统一上，坚持宽容协调，以求和谐；而和谐以适度为基础。

4.1.3.11 结论

从以上分析，可以得出以下结论：

① 自发趋势——物极必反，周期振荡；

② 自觉调控——核心是适度，即"中庸"；

③ 应对差别——压则乱，和则兴；

④ "和"有三个层次——个人"衡形意"，社会"均他我"，宇宙"合天人"；

⑤ 和谐是世界存在的形式——生态平衡；

⑥ 和谐以适度为基础；

⑦ 坚持中庸之道，争取和谐共荣是可持续发展的根本。

4.1.4 中国特色纺织科技创新思维

——本文的英文稿发表于2010年第12届国际毛纺织研讨会

[摘 要] 创新活动多无先例，人们无法预知研发设想是否正确。因此，"尝试错误"的漫长探

索过程不可避免。我们祖先通过长期实践，总结出指导人们活动成功的基本原则："中"与"和"。即凡事不可过度，多物应当共存；相反可以相成，优势可以互补。如果研究人员都能自觉运用这个原则，研发成功的可能必大大增加。

[关键词] 中国特色，科技创新，中，和

4.1.4.1 引言

正确的思维指导正确的行动。只有行动正确，才能获得成功。创新活动多无先例，人们无法预知其研发设想是否正确。因此，漫长的"尝试错误"的探索过程是不可避免的。我们祖先经过几千年的实践，总结出了人们取得成功的基本指导原则，即中华民族的核心价值观，可以用"中"、"和"两字来表述。"中"就是适度，凡事不能过度；"和"就是不同事物共处。简单说来，凡事不可超越固有的某种限度，同时，必须承认不同事物共存的必要。因为相反可以相成，优势可以互补。其反面是"极端"与"斗争"，如果按此反面行事，往往导致失败与挫折。

"中"与"和"的原则，适用于一切领域，包括政治与经济、科技与艺术、文化与社会、战略与战术等等。无疑，该原则也适用于指导毛纺织创新活动。

迄今，这一原则是或多或少自发地在起作用。但可以断言，如果研究人员都能自觉运用这一原则，研发成功的可能必将大大增加，探索的过程必可大大缩短。

4.1.4.2 引例

（1）引例一：养蚕是怎样发明的？

中国古代最重要的发明是丝绸。核心价值观是怎样指导丝绸的发明？原来，蚕本是桑树上的害虫，吃其叶，伤其树。蚕多，桑必不繁；要桑旺，蚕就不能多。怎么能两全其美？我们祖先发明了巧妙的方法：让蚕和桑树分离。即把蚕全部从桑树

上拿下来，放进室内扁筐中，然后人工采桑叶喂养。人采桑可以做到适度，这样，蚕和桑就可以两旺。这里，我们祖先通过"中"，即适度采叶，来达到"和"，即蚕桑两旺。

由于发明了丝绸，中国自古被称为"丝国（Serice）"。英语称中国为"China"，此词来源于法语单词"Chine"，读音为"xi-ne"，是由拉丁语"Sinae"演变而来的。它们都是汉字"丝"的音变[1]。

（2）引例二：杂交水稻的启示

袁隆平杂交水稻丰产享誉世界，已经达到亩产 800 公斤，几年后的目标是亩产 1 000 公斤。杂交为什么能丰产？原来纯种繁殖，产量基本稳定，只有杂交，才会发生变异，后代产量有高有低，可以拉开差距。这样，就有可能把产量高的选育出来。如此反复，产量可以逐步攀升。袁隆平的贡献是，他发现水稻属于自花授粉的植物，要靠自然杂交是不可能的。他发明了能使水稻雄蕊失去活力的技术，于是可以异花授粉，杂交成为可能。杂交就是不同事物共处，有可能优势互补。这里实现了"和"。

人类最原始的服装是挂于小腹下的"前片"，其目的是减少近亲聚居的原始人群中的男女自发性交，从而减少近亲交配的消极后果——遗传病。

我国古代奉行"和亲"政策，昭君和番、文成嫁（吐）蕃，就是通过通婚促进民族融合的例子。

从"和"的角度，闭关容易落后，开放促使进步。

4.1.4.3 毛纺织创新的若干典型实例

下面介绍历史上毛纺织科技创新中体现中国传统核心价值观的一些事例，希望

大家能够领会，争取在今后能自觉运用。

(1) 羊毛与合成纤维应当恶性竞争还是和谐共赢？

历史悠久的天然资源羊毛和人类创新产品合成纤维在20世纪中叶曾经激烈争夺市场，几乎达到"你死我活"的程度。在1955年第一届国际毛纺织会议上，曾出现为羊毛前途担忧的言论。这是因为当时"冷战"思维流行，大家担心羊毛与合纤在不大的消费品市场中进行"你死我活"的生存竞争，在相继推出新品的合纤的挤压下，羊毛有可能失败。但是，半个世纪的历史证明：在不断扩张的消费品市场中，羊毛和合成纤维保持了适度的竞争；不但彼此不企图把对方赶出市场，反而通过混纺、交织，开发出许多新产品，优势互补，达到和谐共赢。在这个过程中，"冷战思维"逐步被"和谐思维"所取代。

(2) 合成染料与天然染料能否共存？

近一个多世纪以来，合成染料迅猛发展，几乎把天然染料挤出了市场。但是，近来由于含有致癌物质而被禁用的合成染料品种愈来愈多，另外，合成染料的原料资源——石油与煤炭日趋枯竭。与此相反，天然染料染色正在变成一种时尚，而且天然染料的原料资源主要是可以再生的植物。看来，这两类染料长期共存的时代开始了。

最近美国有人曾经企图从植物染料中提纯色素加以利用，但终告失败。似乎，就天然染料而言，色素和其共生物一起利用，可能更有现实意义。

(3) 纺织原料的利用——纯毛还是混纺？

在今天快节奏的时代，易护理产品大受欢迎。织造纯毛易护理产品极为不易，但羊毛与合成纤维混纺，就容易得多。这体现了优势互补，即"和"的原理。

当今，羊毛与棉、麻、丝、竹纤维等天然纤维混纺、交织，正在开发出琳琅满目的特色产品，以适应五花八门的消费需求。

纺制纯毛产品时，其原料也要经过"和毛"才能加以利用。这里也体现了"和"的原理。

(4) 纺纱工程中最简单、有效的匀整措施——并合

为了纺制均匀的高支细纱，精纺系统往往采用多道牵伸并合。不管毛条中纤维的品种、品质、长度、细度、色泽、卷曲等有多大的差异，经过多次并合之后，都能得到成分高度均匀、粗细高度均一的细纱。这是"和"的巧妙运用。

(5) 纺织工艺——技术与艺术的结合

纺织商品不但需要具备一定的品质以适应消费者的日常使用，而且必须有美观的外表以吸引消费者的眼球。色纺、色织、提花、染色、印花、特殊整理等都是艺术加工手段。至于服装，款式设计更是进行艺术创意的绝佳手段。艺术加工能赋予商品很高的附加值，但投入的主要是人的脑力，硬件投资的需要较少。纺织工程技术人员必须与艺术家合作。如果纺织高校能培养出技术与艺术双学位的毕业生，将功德无量。这就是技术与艺术共处，互相促进、和谐发展的思维。

(6) 功能性产品——单一功能还是整合多功能？

功能性纺织品很受欢迎，但目前市场上销售的大多只具备单一功能。例如洗可穿、防静电等等。毛纺织品需要一种重要的功能，就是防蛀。如果能把防蛀功能与其他形形色色的功能整合在一起，就更能适应消费者的需要。整合就是"和"。

（7）创新纺纱设备——如意纺是双组分纺和双纱纺的整合

创新从来不是"白手起家"，每一项重大创新，多少都利用了前人已经成功的尝试，都是人类智慧的积累。最近，我国纺纱界出现了一项重大技术突破，武汉纺织大学（原武汉科技学院）的徐卫林教授团队与如意集团合作创造的"徐氏如意纺"（嵌入式复合纺纱）。这项成果创造了毛纺细纱2特、棉纺细纱1.17特的世界纪录，还突破了原料纤维长度、细度、品质的限制，实现了用低等级原料纺制超细的细纱，为不同原料的优化组合、实行多元纺纱提供了新的途径。陈军和徐卫林联署的论文中写道"其实质是两个赛罗菲尔纺后再进行赛络纺"。"赛罗菲尔纺"是音译，不能会意，《辞海》解释为"双组分纺纱"，即在前罗拉进口加喂一根细的长丝，纺出的纱含有长丝与短纤维两种组分。为提高成纱支数，长丝可采用水溶性纤维。此时，在最终产品内不存在长丝，成纱支数可以很高。长丝只参加成纱的过程，而不构成最终产品，所以称为"伴纺"。"赛络纺"也是音译，《辞海》解释为"双纱纺"。所以，"徐氏如意纺"可以定学名为"伴丝双纱纺"。"和"的原则，在这里得到多次自发应用。

4.1.4.4 结论

中国特色核心价值观可以用"中"与"和"两个字来表述。这一原则可以用于一切领域，自然适用于毛纺织科技创新。如果我们能自觉运用这一原则，就可以少走许多弯路，减少大量的探索，取得更多的成果。

这个原则的反面是走极端与斗争，有时会被不自觉地应用。其最终结果往往是出乎人们意料的，是不可避免的挫折与失败。

4.2 英语论文

4.2.1 Ten Chinese Innovations in Textile Handcraft Industry
——发表于2004年第83届国际纺织大会

[Abstract] China is one of the few birth places of textile production in the world. Textile handcraft industry was formed in China before 500 B. C. , since then a lot of innovations were made in China. Ten main Chinese textile inventions are simply described.

4.2.1.1 Introduction

China is one of the few birth places of textile production in the world. Spindle whorls of 5 200 B. C. were unearthed in Hebei Province. Textile handcraft industry was formed in China before 500 B. C. , since then a lot of innovations were made in China. Following are ten main Chinese textile inventions.

4.2.1.2 Silkworm Breeding

The first and most important innovation made in China is silk production. Silkworms originally were harmful to the mulberry tree, which would be hardly to maintain living, if the silkworms were prosperous. How can the silkworm be abundant without any harm to the mulberry tree? Chinese forefathers discovered a clever method; to separate the silkworm from the mulberry tree. They picked all the silkworms down the trees, setting them in special baskets in a room and fed them with mulberry leaves moderately taken before. Thus the mulberry tree might be maintaining prosperous and large scale silk production became possible. Here Chinese forefathers realized the Chinese philosophy "Moderation", avoiding anyextremity. China was called by European nations "Serice", meaning "country of silk". The English term "China" was derived from French word "Chine", the origin of which is "Sinae" in Latin, a variation of Chinese character "Si".

4. 2. 1. 3　Opening Through Vibration

Before spinnning, fibers must be opened. Chinese discovered vibration method by sound frequency, i. e. through vibration of the cord of a big bow (Fig. 4-3). Since the response of fibers with different lengths and weights to the vibration is different, the fibrous mass can be scattered and separated to single fibers without any damage.

Fig. 4-3　Bow Opening

4. 2. 1. 4　Multi-spindle Twisting Frame

In spinning, a series of spindle wheels was discovered: from single-spindle to three-spindle operated by hand; from three-spindle by foot to multi-spindle (up to 32 spindles, Fig. 4-4) operated by running water. Since there was no drafting mechanism, in present sense, this kind instrument should be called the twisting frame.

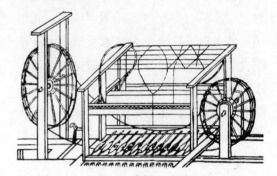

Fig. 4-4　Multi-spindle Twisting Frame

4. 2. 1. 5　Twist Determination by Contraction

Yarn twisting intensity is hardly determined without fine instruments. Chinese forefathers discovered quantitatively twist determining method: to judge the twist intensity through yarn contraction (Fig. 4-5). Today, we know that yarn contraction after twisting is positively correlated to the yarn twist (turns per unit length). The bigger the contraction, the larger the yarn twist.

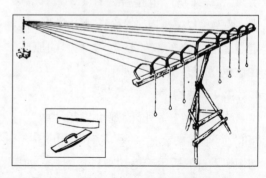

Fig. 4-5　Twist Determined by Contraction

4.2.1.6 Harnesses (healds) Lifting by Multi-pedals (treadles)

A series of looms was discovered also one after another: plain looms — from breast loom to inclined loom; patterned ones — from multi-heald (multi-harness) multi-treadle (multi-pedal) type to pattern sheet type.

For multi-heald multi-treadle looms, Chinese made two inventions: the Dingqiao (treadles with an array of scattered pegs, Fig. 4 - 6) method and the combinatorial method (Fig. 4-7). In order to weave fabrics having big patterns, a large number of healds (up to 120) are needed. Since every heald is driven by a special treadle, the same number of treadles is necessary. But how can so many treadles (up to 120) be arranged within the loom frame? (If the width of treadle is 5 cm, 120 treadles will be 6 meters wide!) Chinese forefathers invented treadle only 1 cm wide, and 120 treadles may be arranged in the loom frame with a

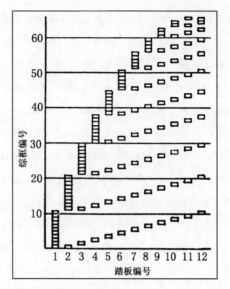

Fig. 4-7　Two-for-one Method of Pedalling

width slightly more than 120 cm. But how can the weaver pedal so narrow treadle without interfering neighboring treadles? A clever method was found: put pegs one on each treadle, arranging the pegs in an scattered array. The treadle is pedaled through the peg, thus avoiding any interference on neighboring ones.

To pedal dozens of treadles is quite troublesome. Mr. Ma Jun in the Three Kingdoms Period invented combinatorial method: let every heald be driven not by one treadle, but simultaneously by two treadles (two-for-on method). Thus using only 12 treadles may drive 66 different healds, since $C_{12}^2 = 66$.

4.2.1.7 Manual Programming

When very large patterns (such as dragons) are required to be woven, 120 healds are not enough. New method is to drive every warp yarn individually. A set of vertical threads are addad onto the warp, every vertical thread being con-

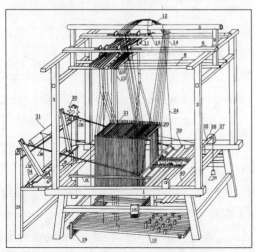

Fig. 4-6　Dingqiao Method of Pedalling

nected to one warp yarn correspondingly. The information of "lift" or "no" of every warp yarn during shedding is "recorded" on the corresponding vertical thread by putting a horizontal thread going ahead or behind the vertical thread. The set of vertical threads with intersected horizontal threads is called the "pattern sheet", which forming a pattern recorder, thus a manual programming system is formed.

In Fig. 4 - 8, a minor pattern sheet draw loom is shown, being operated by two weavers: one is doing weft inserting and beating, the other sitting on the loom-tower, is doing shedding through drawing the vertical threads.

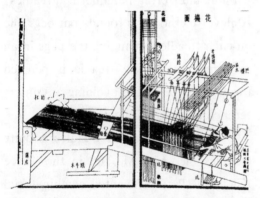

Fig. 4-8 Draw Loom, Showing the Pattern Sheet — Shedding Program Recorder

4. 2. 1. 8 Dyeing and Finishing Arts

In the field of dyeing and finishing, a lot of innovations appeared also in ancient China. At present these arts are still existing in districts of minor nationalities and surprising to visitors both domestic and from abroad. Typical examples are: batik dyeing, tie dyeing (Fig. 4 - 9), warp tie dyeing, simultaneous dyeing and finishing — shu-liang finishing etc.

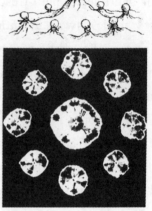

Fig. 4-9 Tie-dyeing: Product (top), Method (bottom)

4. 2. 1. 9 Miscellaneous Fabrics

Miscellaneous kinds of fabrics are firstly appeared in ancient China, typical examples being: satin, crepe, kesi (fabric with thorough warps and zigzag colored wefts for simulating drawings and paintings).

4. 2. 1. 10 Piece Goods Standards

Governmental standards of fabrics appeared in China about 1 000 B. C. (the Zhou Dynasty). A piece of cloth was required to be 40 Chinese feet (9. 24 meters) in length and 2. 2 Chinese feet (50. 8 cm) in width, fitting for making 1 set of adult clothing at that time. Any fabric having dimensions not satisfying the standard was strictly forbidden in the market.

4.2.1.11　Organized Labor

Since the Zhou Dynasty (1100 – 770 B.C.), textile labors were divided into specializations. In the Tang Dynasty, the governmental textile organization had 10 weaving workshops, each producing one kind of fabrics, 6 dyeing and finishing workshops, each dyeing one color.

4.2.2　History and Present Situation of the Chinese Draw Loom

　　——发表于 1987 年世界织物会议(日本京都)

[Abstract] Weaving instruments in China have been developing in the following sequence: 1. the original breast loom, 2. the inclined loom, 3. the multi-heald-treadle loom, 4. the draw loom. The last one itself has 2 main developing stages: the draw loom with minor pattern sheets and the draw loom with a major pattern sheet. Later in 18th to 19th century, the Chinese and the French inventions on the draw loom merged in the modern jacquards. Nowadays computer aided machines are being constructed.

[Keywords] weaving, shedding, jacquard loom; draw loom, multi-heald-treadle loom, pattern sheet, Dingqiao method, combinatorial method

4.2.2.1　Introduction

Textile manufacturing is a long-life business, having brilliant history in the past and will be prosperous shoulder to shoulder with the man-kind itself.

Weaving instruments in China have been developing in the following sequence: ① the original breast loom, ② the inclined loom, ③ the multi-heald-treadle loom, ④ the draw loom. The draw loom in turn has developed in two main stages: the draw loom with minor pattern sheets and the draw loom with a major pattern sheet. Since the 18th century the Chinese and the French inventions on the draw loom merged in the modern jacquards. In recent years, jacquards with computer aid are being constructed.

4.2.2.2　Original Breast Loom

Weaving was derived from mat and net braiding. The original breast loom was formed as a result of very long time braiding practices. The key part of the breast loom is the heald rod. When the rod was raised by the weaver's hand, the warp threads were divided into two layers with one layer out of the two being lifted simultaneously, thus the shed was formed. The warp threads and the woven fabric are tighten by the weaver's feet and waist. Later, the number of heald rods was gradually increased up to 20, and at the same time, the woven figure became larger and larger. When 1 or 2 heald rods are used, only plain weave can be realized; with 3 or 4 heald rods, twill weave may be woven; if more complicated figures are to be woven, the number of heald rods must be greater than 4. On the unearthed bronze weapon of the Shang Dynasty (16th to 11th century B.C.) the trace of packing fabric shows that the weft repeat is 28 picks, which needs more than 14 heald rods.

4.2.2.3　Inclined Loom

In about 5th to 6th century B.C., China invented the inclined loom supported by a wooden frame. The invention of the frame liberated the weaver's feet from supporting the warp beam. This invention gave birth to the discovery of the treadle for lifting healds. Then the weaver needed no longer lift the healds by hand, and the only function of the weaver's hands was to insert weft yarns. This in turn promoted the invention of weft inserting instruments.

(1) Weft insertion

On the breast loom, the weft yarns are inserted by using cops and are beaten in by a wooden sword. About 800 B. C., a combined instrument "Daoshu" was invented. This is a wooden sword with a cop on its back for both inserting and beating-up. This innovation made the weft insertion operation more convenient and at the same time, made the weaving rate much higher. Later, the operator recognized that it is quicker to throw, than to transfer the weft carrier, though the shed. The "Daoshu" was gradually modified and at last became the shuttle. About 300 to 400 B. C., the process of modification was finished. However, the shuttle could no longer undertake the action of beating-up, so the reed, formerly used to fix the width of warp spreading, was modified to fulfill this action.

(2) Shedding

On the inclined loom, the heald rod was modified to become the heald frame, with which a part of warp threads can be both lifted and pulled downward to form the shed. The weaving rate on an inclined loom with one heald frame and 2 treadles, one for lifting and the other for pulling downward, was much higher than the breast loom.

4.2.2.4 Multi-heald-treadle Loom

For weaving fabrics with big figures, many heald frames were necessary; therefore, the multi-heald-treadle loom was discovered not long after the inclined loom came into being. Chinese literature[1] reported that about 200 B. C. a loom with 120 treadles was utilized for weaving silk fabrics with large figures. In the 3rd century, silk looms for popular use have 50 - 60 treadles to lift 50 - 60 heald frames. At that time, each treadle corresponded to a specific heald frame. Thus there might be 50 - 120 individual weft motions on the multi-heals-treadle loom. To the figured fabric there is one ground weft between every 2 succeeding figuring wefts, so the weft repeat of the woven figure may amount to 100-240 wefts for each unsymmetrical pattern or to 200-480 wefts for each symmetrical pattern. The weft density at that time was about 20-50 per cm, and, therefore, the scale of the woven figures may have been as wide as the whole breadth, but in the longitudinal direction only in amount to 10 cm or less.

(1) Dingqiao Method of Treadle Pedalling

On the multi-heald-treadle loom, 50-120 treadles were very closely arranged within the loom frame. How could the weaver pedal one treadle without affecting the neighboring treadles? This is a troublesome problem. But clever weavers discovered the "Dingqiao" method: Pegs are nailed each on one treadle so that the positions of the pegs on the neighboring treadles successively separated from one another just like a series of stepping stones scattered over a stream for crossing, hence the name "Dingqiao" (Ped Bridge).

(2) **Combinatorial Method of Treadle Pedalling**

According to historical literature, Ma Jun in the 3rd century constructed a loom with 12 treadles instead of 50－60 treadles as formerly used, but the figures woven remained the same. This implies that the number of individual weft motions did not decrease, or, in other words, that the number of heald frames was still equal to 50-60. A reasonable explanation for this invention is that Ma Jun applied creatively mathematical combination to weaving: The correspondences between treadles and healds was not 1 to 1, but every 2 out of the 12 treadles corresponded to one specific heald frame. Thus, $C_{12}^2 = 12 \times 11/2 = 66$; namely, 66 heald frames may be individually lifted by only 12 treadles .

If the multi-heald-treadle loom is to weave fabrics with very big figures, the weft repeat of which is greater than 10 cm, the number of heald frames will be greater than 120, beyond the space limi-

tations of the loom frame. This fact promoted the extensive use and further modification of the draw loom.

4. 2. 2. 5 Draw Loom

On looms with multiple healds (rods or frames) the pattern information carrier is a set of healds, each of which is related to a certain part of the warp threads and corresponds to one individual weft motion. If the healds are not arranged in a horizontal succession along the warp threads, but are turned up 90° to form a vertical succession perpendicular to the warp plane; if at the same time, all the draw strings are gathered together to form a string sheet with their top ends fixed on a horizontal rod on the top of the loom; and if coarse threads (Erzixian — "ear threads") are used instead of the healds, with the original draw strings attached to one heald arranged in front of the corresponding ear thread, while all the other draw strings are left behind them, then a draw loom is formed. The set of ear threads constitutes a so-called pattern sheet. Thus two operators are needed: one for weft insertion and the other sitting on the loom tower for warp lifting or shedding.

(1) **Draw Loom with Minor Pattern Sheets**

For weaving fabrics with several repeated figures in the weft direction, the pattern sheet is turned by 90° around a vertical axis forming side draw instead of front draw. Each draw string is connected at the lower end to several branch strings. Each branch string corresponds to one of the repeated figures. The total number of the branch strings may amount to as much as 1 800. If there are 4 repeated figures in the weft direction, the number of draw strings may be 450. The pattern sheet is interlaced on the draw strings and perpendicular to the warp plane. For weaving fabrics with figures of an enlarged longitudinal scale, there may be several pattern sheets on one draw loom (Fig. 4-10). The number of the ear threads of each pattern sheet may amount to 150. If 4 sheets are used, the total number of the ear threads may be up to 600. When weaving symmetrical figures, the weft repeat may be as many as 2 400 picks; i. e. the length of unit figure in warp direction may be greater than 50 cm.

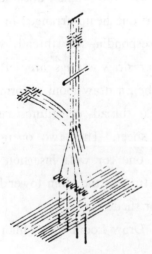

Fig. 4 - 10   The Draw Loom

(2) **Draw Loom with a Major Pattern Sheet**

This kind of draw loom is fit for weaving exceedingly large figures. The pattern sheet is once again turned by 90 degrees around a horizontal axis; and the ear threads are not interlaced with the draw strings, but with the loop-shaped "foot threads", hanging above the loom and parallel to the warp plane. The foot threads harness the draw strings successively. If there are 2 repeated figures in the weft direction, the number of foot threads may be up to 1 000, and the number of ear threads up to 600 - 1 000 or more, without changing the pattern sheet. Even if the woven figures are not symmetrical, the length of the figure repeat in the longitudinal direction may be greater than 100 cm. .

Until the Tang Dynasty (7th-9th century A. D.), fabrics were mainly figured with colored warp. During the Tang Dynasty, fabrics figured with colored weft gradually prevailed. This means the distribution of the interlacing points of the figures was turned horizontally by 90° and most part of the warp threads were manifested at the face of the woven fabric. Thus back weaving became popularized instead of face weaving, in order to minimize the frequency of warp lifting. As a result of this modification, pressing healds were constructed in addition to the lifting healds formerly used. The draw strings were sparsely set instead of crowding together and heavy weft beating mechanism came into use.

4. 2. 2. 6   Special Figure Looms

Nowadays in several provinces some

kinds of special figure looms are still in use for the production of art textiles.

(1) Kesi Loom

The Kesi is a kind of manually woven art textile for duplicating paintings and calligraphy. Since Kesi is woven with thorough warps and zigzag wefts, the woven figures look like carvings.

(2) Bamboo Cage Loom

In the autonomous region of Zhuang Nationality in Guangxi the bamboo cage loom with 130 figuring rods set on a special bamboo cage is still in use for weaving the Zhuang brocade.

4. 2. 2. 7 Modern Improvements of the Draw Loom

Since the 18th century French inventors have made outstanding improvements on the draw loom.

(1) Punched Holey Tape

In 1725 French inventors used, instead of the pattern sheet, punched holey tapes, and horizontal needles respectively threaded each with a draw string.

(2) Jacquards

In 1805 J. M. C. Jacquard synthesized the results of former inventions and constructed a kind of mechanized figure loom subsequently named as "Jacquard".

(3) CA Card Punching

The punched holey tape for feeding information to the computer was transplanted from the Jacquard. Now the computer technique is transplanted conversely to the Jacquard for the automatic control of minor figure weaving and card punching.

4. 2. 2. 8 Conclusions

The development of the loom demonstrates a dialectic sequence.

(1) Sequence of Loom Development

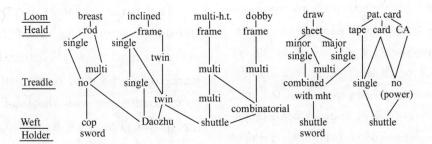

(2) Some Regularities

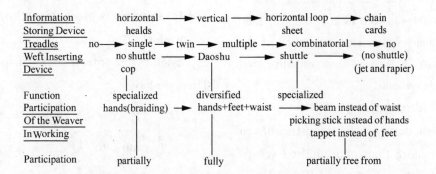

4. 2. 3 Macro Trends of Cotton and Wool Textile Industries

——写成于 1999 年,发表于《东华大学学报(英文版)》,1999 年第 1 期

[Abstract] According to the macro-market law, the total supply will always go to equilibrium with the total demand for the world as a whole. Since textiles are consumables, the total demand of which must be proportional to the population. History of thirty years till 1995 shows that, for any large district, the share ratio — the ratio of the local productivity world share to the local population world share, will approach unity in long-term period. The uncommon expansion of the textile industry in most developed countries before the Second World War was established by super economical means of the old era. The developing countries nowadays have no such means, and will never be able to establish the local textile industry to an uncommon large scale. The development model of the textile industry must be in four stages instead of the six stages of Toyne's. The first two stages are common both for the developed and for the developing countries: namely demand- leading — supply-leading. The third stage is quite different: uncommon expansion followed by significant declination-for the developed countries, and re-arrangement — for the developing countries. The future fourth stage is also common: stable progression, after the share ratio R reaches unity. Quantitative expansion of the textile industry has a limit, but qualitative level will be rising endlessly.

4. 2. 3. 1 Introduction

The modern textile industry has a history of more than two hundred years. After the end of the Second World War, the textile industry in all the main developed western countries has started significantly declining, after a very long-term period of prosperity. Mr. Toyne et al (1984) proposed a model of development of the textile industry in six stages, namely (1) the embryonic, (2) the infancy — export of clothing, (3) the growth — more advanced production of fabric and clothing, (4) the golden age — uncommon expansion, (5) the full maturity, and (6) the significant declining.

Is the sixth stage — significant declining the inevitable ultimate fate of the textile industry for all countries? What is the future of the textile industry in developed countries? We must study the macro-market law at first, before we can get any answer.

4. 2. 3. 2 Demand-Supply Equilibrium

The market economy is now ruling all over the world. The fate of the textile industry cannot leave the general macro-market law: the total supply will always go to equilibrium with the total demand for the world as a whole. Since the textiles are consumables, the total demand must be proportional to the population. The total supply is proportional to the total productivity, which may be roughly expressed by the total amount of spindles. Then we have:

$$D = kP, \ S = hN, \ \lim D = S,$$

$$\lim (hN/kP) = 1$$

Or $\qquad \lim N/P = k/h$

Where, D — total demand of textiles; P — total population; S — total supply of textiles; N — total amount of spindles; k — coefficient of average consuming level; h — coefficient of average spindle productivity.

For any large country or politically independent district, the world share of the local textile productivity should be always approaching the world share of the local population as a limit. This will be true, when the local coefficients of consuming level k' and the local coefficient of spindle productivity h' are near the average value of the whole world.

$$D' = k'P', \quad S' = h'N',$$
$$\lim N'/P' = k'/h'$$

Where, k' — coefficient of consuming level of this district, including demand for export; P' — local population; N' — local amount of spindles; D' — local demand; S' — local supply.

If we define the share ratio R as the ratio of the local textile productivity world share (may be expressed by N'/N) to the local population world share (P'/P) for any large country, the share ratio R will, in long-term period, approach 1 as a limit.

$$R = (N'/N)/(P'/P) =$$
$$(N'/P')/(N/P) = (k'/h')/(k/h)$$

When the spindle productivity of this country is near the world average value (this is often true), and the textile consuming level including demands for export is near the world average consuming level, then we have $h = h'$, and $k = k'$, then

$$\lim R = 1$$

If R is much greater than 1, it means that, $k'/k \gg 1$, i. e. the textile consuming level including demands for export of this country is much higher than the average value for the whole world. Since the consuming level of one country cannot be too far different from the world average value, $R \gg 1$ must mean that, the demand for export will be very large. If the export meets troubles, then it will be inevitable for the textile industry of this country to be declining significantly. On the contrary, if $R \ll 1$, it means $k' \ll k$, or the textile consuming level of this country is much lower than the world average value, the textile industry of this country must be prosperous.

4. 2. 3. 3 History of Thirty Years Till 1995

For the thirty years till 1995, amount of spindles both for cotton and for wool is steadily increasing. Data for typical developed and developing countries are given in Table 4-1. The world shares of cotton and wool spindles as well as the world shares of populations for typical countries are given in Table 4-2. The share ratios R's are given in Table 4-3. From the last table, it is found that, the share ratios both for cotton and for wool textile industries of developed countries UK, US and Japan are significantly decreasing within thirty years till 1995, with the only exception of wool industry of UK during the period from 1985 to 1995. Moreover, the share ratios are approaching 1 from the upper side, with the only exception for cotton industry of UK during the period from 1985 to 1995. As for the developing countries India and China, the share ratios are steadily increasing and are approaching 1 from the lower side. See Figs. 4-11 and 4-12.

Table 4-1　Amount of Spindles for Typical Countries (1 000 sp.)

Country	Cotton				Wool			
	1965	1975	1985	1995	1965	1975	1985	1995
UK	5 350	2 440	1 000	540	3 240	1 300	830	1 080
US	19 360	18 180	17 170	9 260	1 250	1 200	1 480	1 480
Japan	12 730	11 490	10 170	5 660	1 490	2 560	1 760	1 450
India	16 000	19 540	25 450	29 850	230	320	690	840
China	9 800	14 090	23 580	43 710	280	420	1 390	3 990

Table 4-2　Shares for Typical Countries to the World (%)

Country	Cotton Spindles				Wool Spindles				Population			
	1965	1975	1985	1995	1965	1975	1985	1995	1965	1975	1985	1995
UK	4.1	1.6	0.56	0.28	20	6.9	3.6	4.5	1.6	1.3	1.2	1.1
US	15	12.2	9.6	4.8	7.7	6.3	6.5	6.2	5.6	5.2	5.0	4.9
Japan	9.8	7.7	5.7	3.0	9.2	13.5	7.7	6.0	2.9	2.7	2.5	2.3
India	12.4	13.2	14.2	15.6	1.4	1.7	3.0	3.5	14	14.5	14.8	16.4
China	7.6	9.5	13.2	22.8	1.7	2.2	6.1	16.6	21.5	21.9	22.3	22.4

Table 4-3　Share Ratio R of Cotton and Wool Textile Industries

Country	Cotton Textile Industry				Wool Textile Industry			
	1965	1975	1985	1995	1965	1975	1985	1995
UK	2.6	1.2	0.47	0.25	12.5	5.3	3.0	4.1
US	2.7	2.3	1.9	0.98	1.4	1.2	1.3	1.3
Japan	3.4	2.9	2.3	1.3	3.2	5.0	3.1	2.6
India	0.89	0.91	0.96	0.95	0.10	0.12	0.20	0.21
China	0.35	0.43	0.59	1.02	0.08	0.10	0.27	0.74

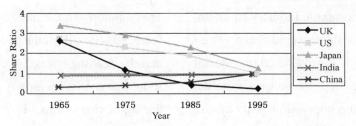

Fig. 4 - 11   Share Ratios of Cotton Industry for Typical Countries

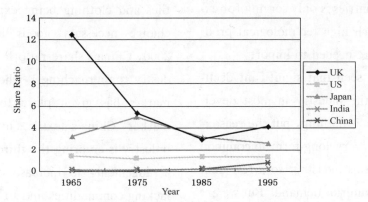

Fig. 4 - 12   Share Ratios of Wool Industry for Typical Countries

The exceptions of UK in the period from 1985 to 1995 may be explained that, UK is fighting for reserve the traditional strong wool industry, which can give high benefit and in the same time, partly giving up cotton industry, which can gain less comparative benefits. It is also reported that, US textile industry has already stopped declining and is becoming more strong in ten years till 2000 by utilizing high technology in this formerly so called "industry of the setting sun".

4. 2. 3. 4   Declination — not Inevitable Fate

Will the textile industry of the developing countries be significantly declining in the future also, just like that has been in the developed countries? Before answering this question, the reason of uncommon prosperity of the textile industry of the developed countries should be ana-lyzed. Take UK as an example. In 1955, or ten years after the end of the Second World War, its world share of cotton spindles was 20%, in contrast to its population share nearly 1%. The share ratio was nearly 20, far greater than 1. The uncommon productivity had been established by super economical means: occupation of colonies, privileged trading with defeated countries, including China etc. This could happen in the past era only. But the world is now situating in a quite new era. The developing countries have no super economical devices to be taken — neither the colony, nor the trading privilege. On the contrary, these countries are now facing various trading barriers from most western developed countries. It is, therefore, impossible for the developing countries, including China to establish local textile industry to an uncommon large scale or world share. Their textile industry is mainly based on interior demands, which will by no means be declining, since the population is always increasing. Export of textiles and clothing from such countries is only serving for exchange of much high technological products, which are needed to import.

It can be seen that significant declination of textile industry in most developed countries is nothing, but the reasonable result of very long-term uncommon expansion of this industry, to a few dozens times the interior demand. But we are sure that the significant declination does have an end. When the share ratio R will become near 1, the textile industry will stop declining and will restart a new period of constant progression. The present situation of the textile industry of US is a good example.

4. 2. 3. 5 Development Models of Textile Industry

There must be two different models of development of textile industry: one for the developed countries and the other for the developing countries.

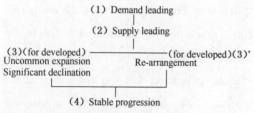

Fig. 4 - 13 Development Models of Textile Industry

Instead of the six stages of Toyne's, there are four stages. The first two stages

are common. In China, for example, before 1983, textile industry was in the demand- leading stage. All consumers should pay, besides money, cloth coupons during buying cloths. From then on, the supply-leading stage started, a lot of textiles and clothing being exported to exchange necessary goods imported. In 2000, China's share ratio R of cotton industry is approaching 1, then the sellers' market has given place to the buyers' market. China's textile (mainly cotton) industry is entering the third stage — re-arrangement: to increase production of lacking commodities and to diminish surplus goods, thus to cope with the current social demands, both interior and abroad. Chinese government made decision to diminish a large amount (ten million) out-of-date cotton spindles.

The intermediate stage for the developed countries is well known: uncommon expansion followed by significant declination, due to too large share ratio R. . But significant declination is not the ultimate fate of textile industry in developed countries, because when the share ratio R approaches 1, the textile industry will come to a stage of stable progression, both for the developed and for the developing countries. Then, the quantitative production will be stable — increasing with the growth of population, but the qualitative level of products will be rising infinitely with the rising utilities as the result of high technology applications. The economical efficiency will be better and better without limit.

4. 2. 3. 6   Conclusions

The textile industry is an everlasting career. It will be co-existing with the mankind, since no civilized men and women can leave clothing. Significant declination of textile industry in most developed countries post the Second World War is only the result of uncommon expansion in a very long time before the War. But significant declination is by no means the ultimate fate of textile industry as described by Mr. Toyne et al, neither for the developing nor for the developed countries. The common future of the textile industry for all countries must be stable progression, the starting line of which being the time, when the share ratio is approaching unity. The quantitative expansion of the textile industry has a limit, but the qualitative progression will be endless.

References

Toyne. The Gloglal Textile Industry. George Allen and Unwin, 1984.

5 中国纺织史古文献导读

中国古代文献浩如烟海，有不少虽然不是科技著作，都有一些内容涉及纺织生产，现在按文献形成时代先后，择要介绍与纺织生产相关的文献。

5.1 先秦著作中关于纺织的记载

我国先秦的著作很多，有我国最早的诗歌——《诗经》；最早的史书，也是最古的散文——《尚书》；第一部编年史——《春秋》；最早的哲学著作——《老子》《论语》；等等。这些著作以不同的形式，从不同的角度，反映了当时社会、文化、政治、经济、生活的面貌，是我国重要的史料渊薮。它们为我们研究先秦的历史，包括科学技术史，有极重要的参考价值。

纺织生产是人民生活资料生产的重要组成部分，纺织品联系到衣着，与人民生活紧密相连。在这些作品的字里行间，常常可以找到与纺织有关的踪迹。当然，这些著作都不是科技著作，不能直接反映出科技水平，但可以为我们分析当时的纺织生产技术水平提供依据。下面介绍几本相关的著作。

5.1.1 《周易》

又称《易经》，是我国古代有哲学思想的占卜书。非一人所作，产生的年代大约在商代或周初，是我国文学发展史上从卜辞到《诗经》的桥梁。《周易》中那些作为卜筮用的卦辞、爻辞，保存了一些古代的歌谣，在一定程度上反映了当时社会的生活面貌。其中有养羊和剪羊毛的记载。《周易·大壮》"丧羊于易，无悔"，是描写殷高祖王亥在易（狄）牧放牛羊，为易君所杀，夺走牛羊的故事。[①] 这个时期牛羊成群，而且牛羊已作为财产的象征。

《周易·归妹·上六》的字数不多，耐人寻味，是一首描写男剪羊毛，女用筐盛羊毛的有景有情的牧歌。有很多羊，又有剪羊毛的描绘，羊毛用于毛纺织是很可能的了。

5.1.2 《诗经》

作品的时代上起西周初年（公元前1100年），下至春秋中叶（公元前600年），其中有少数为商代作品。

《诗经》包括十五国风、二雅（大雅和小雅）和三颂（商颂、周颂、鲁颂）。国风160篇，今本国风的顺序是周南、召南、邶、鄘、卫、王、郑、齐、豳、秦、魏、唐、陈、郐、曹十五国。国风反映各国的风土人情。大雅、小雅共105篇，大雅追述西周初年祖先的功德，小雅反映西周的衰世，都是宗教性的颂歌。商颂、周颂、鲁颂为三组祭祀歌，商颂5篇，周颂31篇，鲁颂4篇。整部《诗经》共305篇，习惯称

---

① 平心《周易》史事索隐，历史研究，1963年第一期141页。

《诗经》为"三百篇"。

《诗经》的国风和二雅中，用葛、麻、桑、蚕、丝、帛比拟的诗句很多。《周南·葛覃》中有葛，《陈风·出其东门》中有绩麻和沤麻，《豳风·七月》《风·车辚》中有种桑，《卫风·氓》中有贸丝，《诗·郑风》中有丝织品，《大雅·瞻卬》中有蚕织，等等，反映了麻和丝纺织生产的兴旺景象。在奴隶社会中，纺织品也是奴隶主互相掠夺的重要物资。《小雅·大东》反映了东方小国被榨取干净的悲惨景象，织布机轴上和杼子上的纱没有了，怎样去织布帛呢？从《诗经》中还可以知道，麻和丝织品的生产成为重要的家庭副业，而且相当广泛。丝、麻织品是当时的重要商品。

5.1.3　《仪礼》《周礼》《礼记》

又称三礼。《仪礼》旧题是西周姬旦撰，据崔述、梁启超等考证，认为是孔子所定。《礼记》是春秋孔丘门人所记，西汉戴圣编辑。《周礼》撰人不详，大约是战国后期的作品。

《三礼》详细记载了西周到战国时期各等级的人所行的礼节仪式、政治经济体制、制度、各级官员职责要点和各类生产的规范标准。在各种礼节仪式中，对服饰的要求是不同的，《仪礼·丧服》《礼记·杂记》中详细记载了丧服情况，说明了根据与死者的不同亲疏关系穿粗细不同的麻布。《仪礼·士冠礼》《仪礼·聘礼》《周礼·春官·司服》《礼记·典礼》《礼记·玉藻》《周礼·内司服》等记载了朝拜用的衣料、冕所用的布、进贡或赠礼用的织品，其中有毛织品、麻织品和丝织品。在《礼记·杂记》和《礼记·王制》中，对当时织物的标准还有严格规定。《周礼·

考工记》和《周礼·天官·染人》对丝、麻的练染工艺做了详细的说明。《周礼·天官》中还有官手工业的记载，有主管妇女纺织的官员，负责纺织纤维和植物染料原料的收集和染色的官员。《三礼》中关于纺织的材料非常丰富，有很多材料对纺织技术做了深刻的描述。

5.1.4　《尚书》

《尚书》是我国汉以前各王朝档案的汇编。"尚书"的意思是上古帝王之书。其中有些章篇比《周易》《诗经》还早，晚的可能到战国。现存的《尚书》包括虞、夏、商、周四代，有今古文之分，古文是伪书，已为定论。

《尚书》中《禹贡》可能是战国的作品，是我国第一部地理著作，叙述了长江、黄河流域的山脉、物产和交通。在叙述物产时，谈到当时各地的特产，兖州有丝和美丽的丝织品织文，青州、豫州有精细的葛大麻和纻织品和臬丝，徐州有丝织品缟，扬州有丝织品织贝。从这里可以见到生产纺织品的地域分布很广，而且都是这些地区的贡品，织品可能相当精细和富有地方特色。

5.1.5　《左传》

《春秋传》中以《左传》对纺织的记载为较多。据考，《左传》是战国初期的作品，作者不详（相传为左丘明），是一部有特色的历史著作，无论是记言或记事方面，都表现了很高的艺术成就。

《左传》所记载的纺织产品名称，有以临淄为中心的齐鲁地区的纨、缟和陈留、襄邑的锦等。《左传》中关于锦的记载比较多，《左传·闵二年》《左传·襄十九年》《左传·襄二十六年》《左传·昭十三年》等都有锦的记载。锦在春秋时期是一种名贵的礼物，人们喜欢相互馈赠，反映了当时织锦技术的高度发展。

5.2 秦汉以来与纺、织、染、整技术有关的主要科学著作

我国古代知识界往往脱离生产劳动，轻视技术，把它看做"奇技淫巧"或"雕虫小技"。所以，除农业外，很少有生产技术的系统科学著作。并且，由于隋唐之前我国雕版印书还没有普及，人工抄写复制的份数有限，有一些关于生产技术的著作也不容易流传下来。隋以后，雕版印书普及，特别是宋代出现活字印刷术之后，书籍的流传和保存大大增加。保留至今的古籍中，有一些系统论述纺织原料及纺、织、染、整技术的书。这是纺织科学极宝贵的遗产。

由于直到大工业化生产开始之时为止，纺织生产长期以来主要以农村副业的形式存在，所以保存下来的农学著作中多有涉及纺织原料和纺、织、染、整技术的内容。我国有编纂类书的传统，在类书中，往往扼要摘引迄编书时为止的重要文献。这样也保存了一些已佚著作中有关纺织技术的主要内容。有些书虽然不是学术著作，但比较详尽地记录了纺织品，也能帮助我们了解当时的纺织技术水平。

下面择其中较重要者，进行简要的介绍。

5.2.1 《齐民要术》

《齐民要术》（图5-1）是我国现存最早、最完整、最全面的农业科学著作，也是世界上最古老的农业科学著作之一。

《齐民要术》的著者贾思勰，山东人，

是北魏时期一位杰出的农业科学家。他做过高阳郡（今山东临淄县）太守，足迹遍及今山西、河南、河北及山东等地，考察了这些地区的农业生产情况，后来回乡经营农牧业生产。他总结了历代劳动人民在黄河流域中下游地区进行农业生产实践所积累的丰富经验，写成了此书，为继承和发展我国古代的农学遗产做出了很大贡献。

图5-1 《齐民要术》
Important Arts for the People's Welfare

《齐民要术》写于公元533—544年间，全书正文10卷，92篇，共11万多字。此外，书前有《自序》和《杂说》各一篇，共3 000多字。全书包括农、林、牧、副、渔五个方面，反映了我国南北朝以前的农业生产和科学技术水平。

《齐民要术》记载了许多关于纺织原料的生产技术，特别是蚕桑技术。第五卷中专列"种桑柘第四十五（养蚕附）"，讲桑、柘的种植栽培技术和桑的品种，特别是第一次提到了荆桑、地桑、黑鲁桑和黄鲁桑之名。书中引用农谚"鲁桑百，丰绵帛"，可见鲁桑是当时的优良品种。

选育蚕种，是养蚕生产的重要环节。《齐民要术》记载了蚕种的选择，说"收取蚕种，必须取居簇中者，近上则丝薄，

近地则子不多"。关于蚕的品种，首先从蚕的孵化和眠期上给以分类，指出"今世有三卧一生蚕，四卧再生蚕"，并引证《俞益期笺》的"日南蚕八熟，茧软而薄，椹采少多"和《永嘉记》的"永嘉有八辈蚕"，保留了我国古代南方和东南炎热地区，利用冷水低温控制蚕卵孵化时间，从而达到按季节分批饲养八次蚕的科学记录。

《齐民要术》卷二"种麻第八"和"种麻子第九"分别记述了种植枲（大麻雄株）和苴（大麻雌株）技术。提出种麻要选种，"凡种麻用白麻子（白麻子为雄麻）"，而对收取麻实者，要"种斑黑麻子（斑黑者饶实）"。这是根据种子的外形颜色来判别未来植株的雌雄，进一步揭开了大麻生殖生理之谜——授粉作用。明确指出：大麻通过"放勃"才能结实，"若未放勃去雄者，则不成籽实"。1 000多年之后，在17世纪末，德国卡摩瑞斯才进行了蓖麻、玉米的类似实践。

《齐民要术》卷五"第五十二种红花、兰花、栀子""第五十三种蓝"和"第五十四种紫草"等条，叙述了几种重要的植物染料的生产方法。卷十"木棉"条还引述了《吴录地理志》关于木棉树的记载："交趾建安县有木棉树，高丈。实如酒杯，口有丝如蚕之绵也。又可作布，名曰白緤，一名毛布。"这段引文说明北魏以前山东一带对棉花还缺少感性知识。

《齐民要术》卷六"养羊第五十七篇"，详细地记载了选羔、放牧、圈养、饲料、剪毛、制毡、治羊病等方面的内容。首先提出选羔问题，说："常留腊月，正月生羔为种者上。"这是对羊种的人工选择，是基于对遗传性和变异性的认识提

出来的。他认为只要"适其天性"，动物、植物就能"肥重繁息"。前述蚕的选种和麻子的选择也贯穿了这一思想。书中较详细地记叙了剪毛法、作毡法和令毡不生虫法。

总之，《齐民要术》内容丰富、资料多，系统地总结了公元6世纪以前我国在农业生产技术上所积累的大量知识，有许多项目当时在世界上是领先的。

5.2.2　《蚕书》

秦观的《蚕书》（图5-2）是北宋哲宗时（1086—1100年）的蚕业文献。著者秦观，高邮人，字少游，是苏东坡同时代的著名文人。他著的《蚕书》主要总结宋以前和当时北方特别是山东兖州地区的养蚕经验。其中除一般养蚕法外，对缫丝方法和缫车的结构论述比较详细。如记载了宋以前的沸水煮茧控制水温的经验，指出：煮茧时汤的温度必须掌握在水面有像蟹眼那样的微小气泡而不是大滚；如对缫车的机构尺寸以及传动方法有详细的介绍。后来元代王祯的《农书》和明代徐光启的《农政全书》中讲到的南北缫车，文字大多引自秦观的《蚕书》，说明《蚕书》的

图5-2　《蚕书》
Book on Sericulture

内容有独到之处。后面关于于阗（今于田）蚕桑西传，则大多引自《大唐西域记》瞿萨旦那国蚕桑传入之始一段。

此书文字简短，但叙述机构时未配插图，是其美中不足。此书在清代《古今图书集成》和《知不足斋丛书》中都以全文收录。

5.2.3　《耕织图》

《耕织图》是我国古代有关耕织，最早以诗配图而供普及用的一本图册。著者楼璹，字寿至，南宋浙江四明（今宁波）人。关于著作《耕织图》的来历，据其侄楼钥在《攻媿集》中记述："伯父时为临安于潜令。笃意民事，慨念农夫蚕妇之作苦，究访始末，为耕织二图。耕自浸种以至入仓，凡二十一事，织自浴蚕以至剪帛凡二十四事，事为之图。系以五言诗一章，章八句。农桑之务，曲尽情状。虽四方习俗，间有不同，其大略不外于此。"细看织的内容，实际只是有关蚕桑丝织方面的描绘，而不涉及棉、毛、麻等纺织事宜。《耕织图》作于南宋高宗年间，至嘉定三年（1210 年）由楼璹之孙刻石传世。历代封建统治者，出于巩固统治的需要，往往把《耕织图》作为关心民事的点缀，因而临摹翻刊者不少。现真本已不可见。据各方考证，认为元代"程棨摹本"最接近真迹。清乾隆年间，曾据"程棨摹本"刻石于圆明园，后园毁，摹本不知所终，刻石也散失。

现今最易得见的清康熙时焦秉贞重绘的《耕织图》，与程本完全不同。明代万历年间刊本《便民图纂》由原《便民纂》加楼璹《耕织图》而成，略有修改，诗也改为竹枝词，但保留了一部分楼璹原图的痕迹。

5.2.4　《农桑辑要》

《农桑辑要》（图 5-3）是元司农司（元朝的中央农业行政机关）至元初年所撰。初稿完成于至元十年（公元 1273 年），其时南宋尚未灭亡，故该书主要叙述了北方的农桑技术。至元二十三年和延佑五年，畅师文和苗好谦[①]先后修订、重刻。当时已是元朝统一全国以后，所以修订重刻的时候，可能已增加南方的栽桑育蚕方法。

图 5-3　《农桑辑要》
Collection of Important Essays on
Farming and Sericulture

《农桑辑要》全书共 7 卷。卷三、卷四专论栽桑、养蚕，其中大多辑自《务本新书》《士农必用》和《韩氏直说》等书，也有司农司所添的部分。卷三"栽桑"中有 13 篇，其中 12 篇论桑，1 篇论柘。在"论桑种"篇中，把荆桑、鲁桑这两大品种的特征，从根、干、枝、叶以及培育、用途等方面加以详细论述，并专列"地桑" 1 篇，指出地桑的由来和栽培方法。在"接废树"篇中，专门介绍桑树的嫁接技术，这是自宋代发展起来的先进的无性繁殖技术。书中指出"接法可传者有四"，

---

① 有人认为，苗好谦另外写过一本与此书同名的书。

并一一详述了这四种方法。卷四"养蚕"中共有 40 篇。在"缫丝"篇中指出:"生蚕缫为上,如人手不及,杀过茧,慢慢缫。杀茧法有三:一曰晒;二盐浥;三蒸,蒸最好。"蒸茧杀蛹比日晒、盐浥为好,这是见之文字的最早的记载。书中专列"蒸馏茧法"篇加以详细介绍。在讲到缫车机构时,指出軖"六角不如四角,軖角少,则丝易解"。这是对劳动经验的科学总结。

卷二中有"胡麻""麻子""麻""苎麻""木棉"和"论苎麻木棉"等篇。宋代以来,棉花种植者日渐增多。《农桑辑要》中所添"栽木棉法"一篇,可能是在元朝统一全国后,修订重刻时与"论苎麻木棉"篇一起增加的。表明该书能及时反映这种变化,特别是对于推广棉花的种植起了促进作用。

5.2.5 《农书》

我国农书有好几部,其中以王祯的《农书》(图 5-4)较为完整。王祯字伯善,元代农学家兼活字印刷术的改进者,山东东平人,于 1295—1300 年任旌德、永丰县尹时,积极倡导蚕桑棉麻。后于皇庆二年(1313 年),在搜辑旧闻的基础上编成《农书》。书中汇编了许多古农书资料,包括西汉《氾胜之书》、北魏贾思勰《齐民要术》、北宋秦观《蚕书》、曾安止《禾谱》和历代史书中的《食货志》等。他还按南宋曾之谨的《农器谱》编绘了《农器图谱》。全书分 22 卷,农桑通诀 6 卷,谷谱 4 卷,农器图谱 12 卷,其中包括活字印刷术的内容。

《农书》"农器图谱"中,有"蚕缫门""织纴门""纩絮门(附木棉)""麻苎门"等篇,绘图叙述了当时我国南北各地缫丝、织绸、绢纺、棉纺、织布、捻麻等工具、机械,并做了评价。还在"利用门"中绘图叙述了八锭摇纱机(軖床)和三十二锭各种动力的麻、丝捻线机(大纺车)。在所转载唐云卿的《造布之法》一节中,叙述了加工不脱胶苎麻时,用加乳剂来调节湿度和用灰水日晒法脱胶。这在当时有重大意义,证明了宋代劳动人民对麻纤维性质掌握、了解的深入程度。

"毛緵布法。选白苎麻水润分成缕,粗细任意。(在腿上)旋缉旋搓……不必车纺,亦不熟沤。……穿苎如常法。以发过稀糊调细豆面刷过,更用油水刷之。于天气湿润时不透风处或地窖子中,洒地令湿,经织为佳。……织成之布于好灰水中浸蘸,晒干再蘸,再晒。如此二日,不得揉搓。再蘸湿了,于灰内周偏渗泡,二时久,纳于热灰水内浸湿,于甑中蒸之。文武火养二三日,……次用净水浣濯。天晴再带水搭晒如前,……惟以洁白为度。灰须上等白者,落黎、桑柴、豆秸等灰,入少许炭灰妙。"

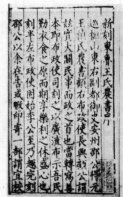

图 5-4 《农书》
Treatise on Agriculture

王祯对上述方法虽然蘸晒颇烦,但可省掉缠絖熟纑等工序。"比之南布,或有价高数倍者。真良法也。"可见质量很好。

5.2.6 《梓人遗制》

《梓人遗制》（图 5-5）是宋末元初河中万泉（今山西万荣县）木工薛景石所撰，收录在明《永乐大典》卷 18244 "十八漾"匠字诸书十四（新印本 172 册）内。段成己所写序言称"夙习是业，而有智思，其所制作不失古法，而间出新意。奇断余暇，求器图之所自起，参以时制而为之图，取数凡一百一十条。疑者阙焉。每一器必离析其体而缕数之。分则各有其名，合则共成一器。规矩尺度，各疏其下，使攻木者览焉，所得可十九矣"。书中主要篇幅详细叙述华机子（提花机），立机子（立织机），布卧机子（织造麻、棉布的平织机），罗机子（罗织机），以及整经、浆纱等工具的形制和具体尺寸。绘有零件图，且有总体装配图，并描述了工时的估算。可以说这是一部完整的织机设计的专著。

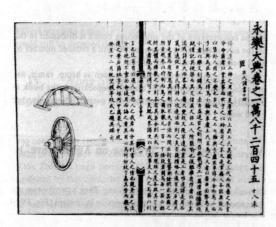

图 5-5 《梓人遗制》
Time-honored Institutions of Carpentry

5.2.7 《多能鄙事》

《多能鄙事》（图 5-6）为明初浙江青田刘基（伯温）编[1]，全书共 10 卷，分为饮食、日用、百药、服饰、牧养等。

卷四服饰类为有关纺织品加工整理，是收集当时浙江地区民间练染工艺方法汇编而成。分为洗练法和染色法两大项目。

洗练法中，有洗毛衣毡法、洗竹布法、洗蕉葛法、洗糯铁骊布法、洗罗绢法、洗彩色法、洗白衣法、洗皂衣法、练绢法、用胰法、糯木棉布法和洗苧布法等。

染色法中，有染小红、染枣褐、染椒褐、染明茶褐、染暗茶褐、染艾褐、用皂矾法、染搏褐、染青皂法、染白蒙丝布法、染铁骊布法、染皂巾纱法和洗旧皂皮色法等。

图 5-6《多能鄙事》
Capable of Doing All Sorts of Vulgar Things

书中在练绢和染色工艺方面，对使用植物染料的品种，拼色、处方、媒染等工

---

[1] 有人认为是后人委托的，其内容记录农家的实际经验，编写年代大约是明代中期，现有的最早版本为明嘉靖十九年刊本。

艺过程，以及胰酶脱胶和成品质量的收录甚详，对研究古代和现代练染工艺颇具有参考价值。

5.2.8 《本草纲目》

《本草纲目》（图5-7）是我国明代的一部系统的药物学著作，并且在矿物学、化学、动植物学等方面有所贡献。它不仅促进了我国医学的发展，对古代的染料和颜料采集及应用，也产生过一定的影响。

作者李时珍，字东壁，号濒湖（1518—1593），湖北蕲州（今蕲春县）人，出身世医，是我国明代一位重实践的医药学家。

全书除引据了历代的诸家本草外，还将古代经史百家凡四百四十家所言，复者芟之，阙者缉之，讹者绳之。岁历三十稔（年），稿凡三易。共收载药物1 892种，分为16部，著成52卷。

图5-7 《本草纲目》
Compendium Materia Medica

书中有关我国古代染家所用的染料和助剂，共录有100余种。其中供精练用者有草木灰、蜃灰、石灰等，供印染用的矿物颜料有丹砂、石青、赭石等，化合颜料有银朱、胡粉等，植物染料有红花、苏枋、栀子、姜黄、靛青等，整理剂及助剂有赭魁（薯莨）、楮树浆、白垩土、青矾

等，均分别于释名及集解中，将异名、产地、种类、性能等做了详细收集和比较。

作者总结了我国16世纪以前劳动人民的经验和理论知识，是我国杰出的科学家。

5.2.9 《农政全书》

《农政全书》（图5-8）由明代著名科学家徐光启（1562—1633）所著。徐光启，字子光，上海人；对许多学科有研究，在天文学和农学上的造诣尤其深；曾与罗马传教士利玛窦过从甚密，从而接触到西方科学技术，并将其介绍到国内；所译《几何原本》，在国内颇有影响。

图5-8 《农政全书》
Complete Treatise on Agriculture

《农政全书》是徐氏根据多年经验，从天启五年开始写作，到徐氏去世时尚未写完，后由陈子龙整理遗稿，于1639年刊行。

徐光启的《农政全书》中，"蚕事图谱"中有缫车图说，"桑事图谱（附织纴）"中有丝织准备和提花机及绢纺图说，"蚕桑广类"中专辟"木棉"一篇，除了转载王祯及以前各家的历史文献外，还论述了王祯之后300年以来的发展。总的来说，大部分转自王祯的《农书》，而且体例零乱，不按工序。但对木棉一节，徐氏有几处精辟的论述：

> （棉）是草本，而"吴录"称木棉者，南中地暖，一种后开花结实，以数岁计，类似木芙蓉。不若中土之岁一下种也，故曰十余年不换，明非木本矣。……南方吉贝数年不凋，其高丈许，亦不足怪。

徐氏接触过几位西方学者，对西方的生产情况有些了解。在《农政全书》中，对中西棉布、棉花进行了比较：

> 中土所织棉布及西洋布，精麤（粗）不等，绝无光泽。……而余见……白氎布，云是西域木棉所织者，其色泽如蚕丝……抑西土吉贝尚有他种耶？又尝疑洋布之细，非此中吉贝可作。及见榜葛剌（今孟加拉）吉贝，其核绝细，绵亦绝软，与中国种大不类。

他认为中西棉布的粗细差别，原因在于棉纤维的品种不同。

他还注意到棉种有退化问题，因此强调选种：

> 嘉种移植，间有渐变者。如吉贝子色黑者渐白，棉重（即衣分高的）者渐轻也。

> 余见农人言吉贝者，即劝令择种。

徐氏也注意到了湿度对纺纱的影响：

> 近来北方多吉贝而不便纺绩（织）者，以北土风气高燥，棉毳断续（绝），不得成缕。……南人寓都下者，多朝夕就露下纺，日中阴雨亦纺，……南方卑湿，故作缕紧而布亦坚实。今肃宁人多穿地窖，……人居其中，就湿气纺织，便得紧实与南土不异。

5.2.10　《天工开物》

宋应星的《天工开物》（图5-9）是全面论述明末以前我国农业和手工业生产技术的"百科全书"式的巨著，内容丰富，所述生产技术，有许多一直沿用到近代。其中"乃服"和"彰施"两篇全面论述了当时的纺织和染整技术。这部著作曾先后被译成日文、法文和英文，流传国外。在日本尤被重视，现代日本学者对之评价很高：

图5-9　《天工开物》
Exploitation of the Works of Nature

中国书籍数量的丰富，实足惊人。但可视作技术书的却非常少。技术书之中，《天工开物》可以说是极优秀的著作。……写作这部书的明末，正是西方科学技术……输入到中国的时代。但在《天工开物》中，……叙述完全是着重于中国古代技术。因此作为展望在悠久历史过程中发展起来的中国技术全貌的书籍，是没有比它再合适的了。……这部中国书在整个德川时代（1603—1867），已为各方面的学者所阅读。……早在1771年（在中国刊行134年之后）就有了日本的刻本。……从这部书了解到中国产业技术的同时，还能进而了解到日本的固有技术从中国吸取来的是如何丰富。（日）薮内清《关于天工开物》。

作者宋应星生于明万历十五年（1587），字长庚，江西奉新人，生平对士大夫轻视生产、鄙薄技术深为不满。他究心实学，对各门生产技术作了广泛的调查研究。就纺织染整来说，《天工开物》不像《农政全书》那样大量转载前人著作，而是完全用自己的语言描述当时的生产，而且具体记录了参数、尺寸，所以比《农政全书》更加接近于生产实际。例如，在前人已有的内容之外，《天工开物》在整经工序中另列"边维"（边纱穿法）和"经数"（经纱总根数），在织机一段中增列了"腰机"。而"花机"图，《天工开物》也更加细致，且注明了部件的名称，文字叙述也极详细。此外，"花本"（织花纹时提起经纱的程序表），"穿经"（穿综和插箹），"分名"（解释罗、纱、绉纱、罗地、绢地、绫地、缎、秋罗等的定义），在同时代的《农政全书》中则未见。

"熟练"一节也独见于《天工开物》，其中论述了用猪胰脱胶的方法：

凡帛织就，犹是生丝，煮练方熟。使用稻稿灰入水煮，以猪胰脂陈宿一晓，入汤浣之，宝色烨然。或用乌梅者，宝色略减。

在棉纺织方面，《天工开物》的突出之处是：在赶棉图中，轧车下面用炭盆火烘；弹棉用悬弓。

宋氏还综述了当时棉布生产的概况，对棉布后整理给予很大的关注：

凡棉布寸土皆有，而织造尚淞江，浆染尚芜湖。凡布缕紧则坚，缓则脆。碾石取江北性冷质腻者，石不发烧，则缕紧不松泛。

《天工开物》中还有"褐毡"一节，论述了毛纺织生产，其中特别提到绒线生产，这是其他书所无记载的：

凡（绵）羊有两种，一曰蓑衣羊（今叫蒙古种羊），剪其毳为毡、为绒片，帽袜遍天下。古者……作褐为贱者服，亦以其毛为之。……此种自徐淮以北州郡无不繁生。……一种矞芳羊，……秦人名曰山羊，……今兰州独盛，故褐之细者皆出兰州。一曰兰绒。……凡打褐绒线，治铅为锤，坠于绪端，两手婉转搓成。……凡织绒褐机大于布机。用综八扇，穿经度缕。下施四踏轮，踏起经隔二抛纬，故织出纹成斜现。其梭长一尺二寸。

在"彰施"一篇中，宋氏详细论述了染整技术。对20余种颜色从配料到染法，写得很具体。另有"蓝靛""红花""造红花饼法""燕脂""槐花"等专节。其中关于毛青布的染法，仍在近代农村沿用。

5.2.11 《木棉谱》

《木棉谱》（图5-10）是《上海掌故丛书》之一。该丛书编于1935年，专门记述上海自设县以来历经元、明、清六七百年间的掌故、地方志。《木棉谱》，褚华撰，初无刻本，后曾列入《艺海珠尘》和《昭代丛书》，最后收入《上海掌故丛书》。

此书主要叙述上海棉花棉布的发展历史，同时对我国种棉的历史文献进行汇总，但由于缺少考古调查，人云亦云，遗漏极多。书中详述了从棉花播种起至纺纱成布、染色印花以至整理。作者认为上海棉花的种植发源于乌泥泾，传授纺织始自黄道婆。其中有关棉花的纺织工具，如搅车、弹花、纺车、织布等，都与世传黄道婆改革的工具相同。如纺纱用脚踏，一般为三锭，善纺的能手可纺四锭。织布极细的名"飞花布"，即"丁娘子布"。当时染色有蓝坊、红坊、漂坊、杂色坊，分别专染各色布匹。印花用灰粉渗胶矾涂作花纹，染色后刮去灰粉，则显白色，名"刮印花"；也有用木板刻花，名"刷印花"。棉布整理有踹布坊，用布卷在木轴上，上压石元宝，重千斤。一人用两足踏两端，往来旋转，则布紧厚而有光。此外，对各地来沪棉花棉布的买卖亦有叙述，可了解当时棉花棉布的贸易状况。

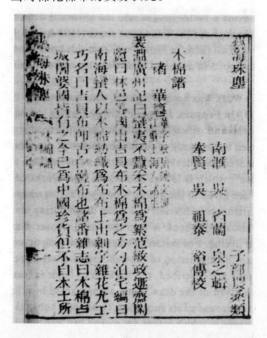

图 5-10　《木棉谱》
Kapok Register

5.2.12　《豳风广义》

《豳风广义》（图 5-11）是一部以蚕桑丝绸为中心内容的农副业生产技术书。成书于清乾隆年间。作者杨屾（1699—1794）是清代杰出的农学家，陕西兴平县桑家镇人。他靠教书为生，同时参加一定的农业和蚕桑生产劳动，他对栽桑养蚕有深入的研究，并且对推广蚕桑事业很热心。《豳风广义》是他参考了前人写的有关蚕桑书籍，学习了各地劳动人民栽桑养蚕的经验，并结合自己从生产实践中得到的知识而写出的一部内容丰富的蚕桑科学著作。这本书保留并发展了我国古代蚕桑生产技术方面的科学知识，反映了明、清之际我国蚕桑生产技术水平。《豳风广义》于 1741 年刊行以后，陕西、河南、山东都重刻过，在我国北方流传较广。

图 5-11　《豳风广义》
Comprehensive Record of the Customs at Bin

杨屾在科学技术上重视从实践中得来的真知，不迷信传统观念和书本知识。关中兴平地区，在杨屾生活的年代，已基本上没人栽桑养蚕了。很多人认为，当地的气候、土壤不适宜栽桑养蚕。杨屾读到《诗经·豳风·七月》（豳，音"bīn"，《豳风·七月》是陕西地方的古代民歌）篇中有关蚕桑的描述以及《农书中》所说的"桑树不选择土壤气候，到处可以栽种，而且有桑就可养蚕"的记载，便对关中地区不宜栽桑养蚕的说法产生了怀疑。同时，他看到关中地区到处零星地生长着野桑的事实，遂激起了进行栽桑养蚕试验的想法。他首先在自己的园子里栽种了几百棵桑树。1729年他从南方弄来蚕种，亲自进行养蚕试验，终于成功。他还通过试验，第一次成功地使山东的柞蚕在陕西关中地区安家。杨屾很强调"亲经实验"，检定书本知识是否准确，通过这种科学方法纠正古书中的错误。例如，元代人写的《士农必用》，讲埋桑条的办法是：把桑条截成一尺长，两头用火烤一下，春分时用土埋起来，然后浇少量水。杨屾照书上说的做了试验，结果没有一棵成活。最后，他通过亲自试验，总结出"腊月埋条春栽"和"九、十月盘栽"的方法最有把握。

《豳风广义》从种桑、养蚕到缫丝、织纴，都做了透彻的阐述，书末附带介绍了养柞蚕和缫柞蚕茧的方法，最后还附了一份"畜牧大略"，主张农业和副业、林业、牧业结合。古代栽桑养蚕的许多宝贵经验和创造发明，书中也有比较全面的总结。例如，将选择蚕种的经验概括为选蚕、选茧、选蛾和选卵四项，羊种选择则概括为："羊种以十二月、正月生者为上、十一月、二月生者为次；其余之月生羔，则皮毛焦卷，骨髓细小，不堪为种。"对于剪毛，也总结出一套提高羊毛质量的办法。对我国饲养的羊种，按地区进行分类，并指出其体态特征和用途。《豳风广义》文图并茂，通俗易懂，注重实用，是一部难得的适用于北方农村副业的专著。

5.3 其他著作中有关纺织的材料

5.3.1 《西京杂记》

现存的版本为清代乾隆丙午（1786）的刻本，全书分为上下两卷。《隋书·经籍志》载此书于"旧事"篇，不著姓名。新旧唐书始题葛洪"钞而传之"，或以为梁吴均伪撰，但乾隆刻本36名校勘者考证为汉代人刘歆所记述。刘歆，字子骏，汉成帝（公元前32年—公元前7年）时沛县人。书中有关纺织的资料辑录如下：

汉制天子玉几，冬则加绨锦其上，谓之绨几。……后宫则五色绫文，……夏设羽扇，冬设缯扇。公侯皆以竹木为几，冬则以细罽为橐以凭之，不得加绨锦。

霍光妻遗淳于衍蒲桃锦二十四匹，散花绫二十五匹。绫出钜鹿陈宝光家，宝光妻传其法。霍显召入其第，使作之。机用一百二十蹑，六十日成一匹，匹直万钱。

成帝设云帐、云幄、云幕于甘泉紫殿，世谓三云殿。

赵飞燕为皇后，其女弟遗飞燕书：……谨上，襚三十五条，……金华紫轮帽，金华紫罗面衣，织成上襦，织成下裳，五色文绶，鸳鸯襦，鸳鸯被，鸳鸯襦，金错绣裆，七宝綦履。……

司马相如初与卓文君还成都居贫愁懑，以所著鹔鹴裘就市。

司马相如其友人盛览，……尝问以作赋。相如曰，合纂组以成文，列锦绣而为质。一经一纬，一宫一商，此赋之迹也。后传盛览乃作列锦赋。

娄敬始因虞将军，请见高祖，衣旃衣披羊裘。

邹长倩以其家贫，少自资致，乃解衣裳以衣之，释所著冠履以与之，又赠以刍一束，素丝一襚……五丝为缋。《六书故》：缋，撒尼切。案以下所云：唯缦为八十缕，与古合。古亦以八十缕为升。今则云二十丝与纮，纪，襚（緵）之名。又以纮为緎，倍缋为升，倍升为纮，倍纮为纪，倍纪为缦，倍缦为襚。

5.3.2　《松漠纪闻》

作者洪皓，北宋末年鄱阳人，字光弼。曾奉派出使金国，留金 15 年，根据所见所闻记录了当时我国东北地区的情况。书中主要介绍女真族简史及其生产概况，包括养羊、剪毛以及传统纺织品等内容：

回鹘，……女真破陕悉徙之燕山、甘、凉、瓜沙。……帛有兜罗绵、毛氎、狨锦、注丝、熟绫、斜褐。……以物美恶，杂贮毛连中（毛连以羊毛缉之，单其中，两头为袋，以毛绳或线封之。有甚粗者，有间以杂色毛者，则轻细）。……其在燕者，……善结金线相瑟瑟为珥及中环，织熟锦、熟绫、注丝、线罗等物，又以五色线织成袍。名曰尅丝，甚华丽。又善捻金线，别作一等，皆织花树，用粉缴，经岁则不佳，唯以打换达靼。

关西羊出同州沙苑，大角虬上盘至耳。最佳者为卧沙细肋。北羊皆长面多髯，有角者百无二三，大仅如指，长不过四寸，皆目为白羊，其实亦多浑黑。亦有细肋如箸者，味极珍，性甚怯，不抵触，不越沟堑。善牧者每群必置殺㹀羊数头，仗英勇狠。……（殺㹀）生达靼者大如驴，尾巨而厚类扇，自背至尾或重五斤，皆膋脂。……三月，八月两剪毛。当剪时，如欲落絮，不剪则为草绊落。可捻为线。春

毛不值钱，为毡则蠹。唯秋毛最佳。

耀段褐色，泾段白色，生丝为经，羊毛为纬，好而不耐。丰段有白有褐最佳。驼毛段出河西，有褐有白，……冬间毛落，去毛上之麤者，取其茸毛，皆关西羊为之，蕃语谓之殺㹀。北羊止作麤毛。

5.3.3　《南村辍耕录》

《南村辍耕录》是元明史料笔记丛刊中的一部笔记小说。作者陶宗仪，字九成，号南村，元末、明初浙江天台人。后避兵乱，久居松江。此书是他在松江的随笔记录。由于这是他作劳之暇，每以笔墨自随，时时辍耕，积 10 年而成。后由门人萃而录之，题曰《南村辍耕录》。

这部书记载了元代社会的掌故、典章、文物和有关戏剧等其他方面的资料，对史学有一定的参考价值。其中"黄道婆"一篇，是我国古代有关黄道婆纺织木棉、改革工具的最早记载。证之后来的褚华《木棉谱》《沪域备考》《上海县志》等都有关于黄道婆的记载。特别是《木棉谱》跋中称"木棉之发源地乌泥泾也，传授纺织之开山祖黄道婆也"。黄道婆在松江乌泥泾对棉纺革新有一定贡献，应无怀疑。

5.3.4　《天水冰山录》

作者不详。收于《知不足斋丛书》及《丛书集成》初编。据清雍正六年（1728）序，它是明世宗时（1522—1566）严嵩在分宜的财产籍没之册。周石林从残本重钞。严嵩在南昌、袁州和分宜三处有大量私产。其中有大量的衣服和纺织品，可作了解明代纺织产品水平的参考。

书中列举匹段计有：织金妆花缎、绢（包括织金粧花绢）、罗、纱、紬、改机、绒褐、锦（包括宋锦、蜀锦、妆花锦）、

绫（包括织金绫）、琐幅、葛（包括织金过肩蟒葛）、布（包括织金妆花丝布、云布、焦布、苎布、棉布等）。

各色衣服有：织金妆花缎、绢、罗、纱、紬、改机、绒和丝布衣、宋锦刻丝衣、蟒葛衣、洒线裙襕等。

另有刻丝画补（包括纳绣、纳绒）及被褥、帐、幔等。

还有毡条、绒线毯、丝绦鸾带、线等。

列举产地名称的有：南京，潮、潞、温、苏的云素紬，嘉兴、苏、杭、福、泉的绢，松江的绫。

列举加工特点的有：晒白、刮白苎葛布等。

5.3.5 《苏州织造局志》

《苏州织造局志》12 卷，清康熙二十五年（1686），吴县人孙珮编，详细记载苏州织造局的沿革、职员、官署、机张、工料、段匹、口粮、宦绩、人役、祠庙，以"杂记"一卷殿尾。

① 沿革。苏郡之有织造，元至正年间建织造局于平桥南，遣官督理。明洪武元年，建织造局于天心桥东。永乐以后停办。清顺治三年，在苏、杭设织染总局，金报苏、杭、常三府巨室，充当机户。康熙十六年至二十一年又恢复和发展苏州织染局。自明代到清代，机张（织机）从173 张增加到 800 张，机匠从 667 名增加到 2 330 名。明代洪武时织染局机张，东紵丝堂（即天字号），机 48 张；西紵丝堂（即地字号），机 24 张；纱堂（即元字号），机 42 张；横罗堂（即黄字号），机 18 张；东后罗堂（即宇字号），机 24 张；西后罗堂（即宙字号），机 17 张。以上六堂，机共 173 张。每岁令六堂高手等役，

造办解京。

清康熙时织染局机张，元字号机增至 48 张，黄字号机增为 24 张，宇字号机增至 50 张，宙字号机增至 25 张。另增洪、荒、日、月，昃字号机各 18 张，盈、寒字号机各 14 张，辰字号机 16 张，宿字号机 10 张，列字号机 8 张，张字号机 21 张，来、库字号机各 4 张。以上十九号，共花素机 400 张，机匠 1 170 名，设所官三员高手等役领之。

② 工料。金铺户料，上用粗圆金、阔扁金，官用赤圆金、淡圆金、扁金、小蟒扁金等。染匠染色，上用有大红、石青、真青、明黄、秋色、玉色、本色、油绿、元青、官绿、真紫、酱色、金黄、石蓝、茧色、豆色、砂绿、沉香、松花色、米色、砂蓝、翠蓝等 23 种，官用有月白、棕色、石青、真青、明黄、玉色、墨绿、本色、官绿、元青、金黄、真紫、酱色、鲜红、南红、水红、浅色等 17 种。

③ 织造局生产缎品种按时缴国库。上传特用的袍服，拣选殷实机匠造办，贫匠概不轮值。

各级官员补子纹样：

文职：一二品仙鹤、锦鸡，三四品孔雀、云雁，五品白鹇，六七品鹭鸶、鸿鸂，八九品杂职鹌鹑、练雀、黄鹂。

武职：一二品狮子，三四品虎、豹，五品熊，六七品杂职海马、犀牛，风宪衙门白豸，公侯驸马伯麒麟。

④ 人役和工匠。明代织染局人役和工匠：大使 1 员，副使 2 员，司吏，堂长，写字，高手，扒头，染手，结综，掉络，接经，画匠，花匠，绣匠，折段匠，织挽匠，等。

清代织染局人役：所官 3 名，总高手

1名，高手12名，管工12名，管经纬6名，管圆金2名，管扁金2名，管色绒2名，管段数6名，管花本1名，催料6名，拣绣匠8名，挑花匠14名，倒花匠15名，折段匠5名，结综匠6名，画匠1名，看堂小甲22名，看局小甲6名，防局巡兵10名，花素机匠1 170名。

总织局人役：所宫3名，总高手1名，高手12名，管工12名，管经纬6名，管圆金2名，管扁金2名，管色绒2名，管段数6名，管花本1名，催料8名，拣绣匠6名，挑花匠6名，倒花匠10名，折段匠6名，烘焙匠8名，画匠1名，看堂小甲24名，看局小甲6名，防局巡兵10名，花素机匠1 160名。另有车匠、染匠、圆金铺户、扁金铺户、色绒铺户等。

6 附 录

6.1 纺织史学科奔"三个面向"

邓小平同志号召：教育要面向现代化、面向世界、面向未来。历史学科怎么能做到？笔者作为从头到今的参加者，虽然并没有刻意去追求，但中国纺织史学科却已经自然地开始实践了：结合现代技术完成了国家 863 项目，已获中国发明专利授权 8 项；培养了 5 名外国博士生，其中 2 人且完成博士后研究；开拓了符合科学发展的生态纺织品开发新路子；1997 年毕业博士生赵丰教授已成为国际纺织史学界著名人士。欣逢人民共和国成立 60 周年，回顾一下奋斗过程，聊以自勉。

1949 年，经过多年的浴血奋战，中国共产党终于领导人民缔造了中华人民共和国，从此由革命党变成了执政党。那一年年初，笔者在上海交通大学上学时，被中共地下组织吸收入党。此后，作为中共的"细胞"，我的命运和所作所为都与祖国紧密地联系在一起。

6.1.1 将祖先的智慧挖掘出来、记录下来、传播开去——参与国家重点工程，多卷本《中国科技史》的一角《中国纺织史》的编写

1977 年，中国社会科学院自然科学研究所（后改属中国科学院）和国家文物事业管理局发起编写多卷本中国科学技术史，其中纺织史卷委托当时轻工业部副部长陈维稷主持组织编写。参加单位有自然科学史研究所、北京纺织研究所、上海纺织研究院和我所在的华东纺织工学院（即后来的中国纺织大学，今东华大学）等 4 家共 20 多位中青年研究人员，陈维稷任主编。调查研究，整理讨论，起草修改，历时 4 年，于 1981 年形成 45 万字的古代部分初稿。笔者被指定担任 3 人统稿小组的召集人，在北京睡办公室，吃大食堂，日以继夜，反复审校、改写 4 次，历时半年，交付科学出版社，后于 1984 年出版。不久，其中织造部分由德国人库恩博士译成德文在德国出版。1992 年委托财经学院教授翻译的《中国纺织科技史（古代部分）》英文版出版，在北京和纽约同时发行（图 6-1，图 6-2）。

图 6-1 陈维稷（左二）和统稿组成员们
（右二为笔者）
Chen Weiji（left 2.）with the revising group
of History of Textile Science and
Technology in Ancient China

1997 年国家开始对科技著作评科技进步奖，次年，《中国纺织科学技术史（古代部分）》被授予国家纺织工业局〔部级〕科技进步一等奖。笔者排名在陈维稷之后，名列第二（图 6-3，图 6-4）。

图6-2 《中国纺织科学技术史》封面
Cover of History of Textile Science and
Technology in Ancient China

图6-3 《中国纺织科技史》获奖证书
Cirtification of a Prize for History of Textile
Science and Technology in Ancient China

图6-4 笔者（右2）接受特别贡献奖
The Author（right 2）Receiving a Prize for
Textile History of Modern China

1986 年，纺织工业部何正璋副部长发起编写《中国近代纺织史》，笔者被指派担任编委办公室主任、总论篇和地区篇主编、全书统稿组组长。此书数易其稿，到 1997 年才由中国纺织出版社出版，1998 年获得全国纺织系统优秀图书一等奖。笔者被中国纺织总会授予突出贡献奖（图 6-5）。

图6-5 《中国近代纺织史》获奖证书
Cirtification of a prise for Textile History
of Modern China

6.1.2 出乎意料的快速反馈——突如其来的邀请

被动跨出国门，宣讲中华民族祖先的杰出成就

1987 年 9 月，笔者收到日本"世界织物会议筹备委员会"盖有大红公章的正式邀请函，邀请笔者于该年 11 月 8 日上午 9：00 在世界织物会议历史分科会上作《中国提花织机的历史和现状》的报告。提供全部费用，并支付 3 万日元（当时合 240 美元）讲课费。信到后，笔者感到十分纳闷。那时，笔者还没有日本朋友，日方怎么会了解得这么具体？但既然有向海外朋友宣传祖国的机会，而且通过交流可体现中国知识分子的价值（讲课费超过当时 1 个月的工资），何乐而不为？11 月 6

日笔者到达京都，生平第一次受到相当于外国专家在中国那样的高规格的接待。日方会议主持人办事十分认真。会议语言为英文，要由日本译员翻成日语。主持人要求笔者事先帮不懂纺织专业的日方译员搞懂英文讲稿，足足花了半天。

通过交谈，笔者了解到，日方看到了《中国纺织科学技术史（古代部分）》，认为和《天工开物》一样有价值。他们经科学出版社推荐，才找到笔者。

图 6-6　笔者参观日本提花高机
The Author Look around a Japanese Draw Loom

图 6-7　笔者在世界织物会议上作报告
The Author Giving a Lecture on the World Fabric Conference

笔者的学术报告，引起日本朋友的浓厚兴趣。当时他们还不知道中国早已

有比《天工开物》所描写更先进的技术。在与会议同时举行的国际纺织博览会上，展出了一台日本提花高机，即《天工开物》中所记载的。所以，当他们听了笔者介绍的现存于南京、苏州的环形花本大花楼机，就称奇不已。纷纷表示，一定要到中国仔细看看（图 6-6~图 6-8）。

图 6-8　笔者参观京都纤维工艺大学
The Author Visiting the Fiber-technology University in Kyoto

通过这次访日，笔者结交了不少日本朋友。以后几乎每年要接待几批来华考察的日本专家。他们对设在中国纺织大学内的纺织史陈列室产生了浓厚的兴趣，并在中国买了几十本《中国纺织科学技术史（古代部分）》。

6.1.3　"开场白"比论文本身更精彩

主动向 20 余国的朋友发出"中国之音"

1990 年 2 月在新西兰南岛克莱斯特却区市（意译为基督堂城）举行五年一度的第八届国际毛纺织研讨会，有 23 个国家和地区的 200 多位学者参加。笔者应国际羊毛局和澳大利亚羊毛局的邀请和全额资助，出席了这个会议。那时正当 1989 年"六四政治动乱"之后不久，各国朋友对中国情况十分关心，但又缺乏了解。会下个别解释，效率太低，笔者决定，把分配给笔者的14分钟论文宣读时间挤出3分钟，插入一段（英语）开场白：

"我和众所周知的中国已故总理周恩来同姓。我们两周不是一家，但属于同一个国家。这个国家拥有世界22%的人口，是世界上最大的羊毛市场之一。她的毛纺织工业仅次于意大利和苏俄居世界第三。她并不富有，但正以极高的速度发展着。例如，毛纺设备安装数，已从1980年的60万锭发展到1989年底的270万锭，十年净增350%。中国的毛纺工业尽管十分巨大，但与人口相比，又显得十分不足。例如1987年度全国毛纺织物总产量为2.5亿米，而人口近11亿，意味着4个人才够做一条裤子！（会场活跃）

"今天，中国毛纺织工业正面临一系列的困难。首先是政治上的，由西方大国的经济制裁引起。但我相信，这个困难不久就可以克服。理由十分简单，中国这个偌大的市场，对于任何国家的商人，都有巨大的吸引力，当然包括西方大国的商人在内。其次是经济上的，通货膨胀，同时企业缺乏资金。这方面，中国政府正在采取一系列措施，困难将逐步克服。第三是技术上的。迅速发展起来的毛纺织工业严重缺乏熟练的技术人员。纺织大学培养人才的能力，远远赶不上工业发展的速度，特别是大量的乡镇企业。为此，重要的是，迅速提高在职毛纺织技术人员的素质。我们的责任，就在于把经典的毛纺织理论，尽可能简单地、通俗地教给在职职工，以改进他们的岗位工作。我的论文《细纱张力目测法》，就是这项工作的一个尝试。"

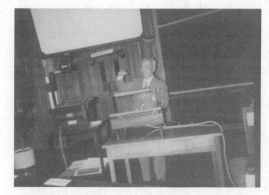

图6-9　笔者在国际毛纺织研讨会上作报告
The Author Giving an Lecture on the Lnternational Wool Textile Conference

会场休息时，各国朋友纷纷向笔者祝贺发言的成功。一位韩国老教授禹济林先生告诉笔者，由于他的长相和笔者近似，至少有两位西方学者竟然向他表示祝贺。英国理兹大学一位教师以后在给中国纺织大学纺织系主任的信中说，这个报告是这次会议上最为成功的（图6-9）。

6.1.4　蜂来只缘花有蜜——来了个不速之客

"次级反馈"——留学生纷至沓来

1992年春天，中国纺织大学外事处来了一位韩国朋友，指名要会见笔者，说他的夫人，韩国某大学讲师沈莲玉，要来中国师从笔者攻读中国纺织史博士学位。这又使笔者感到纳闷。因为那时，笔者还不是博导，而且中韩尚未建交，无法授予韩国人学位。经过请示国家教委，答称，不能授予博士学位；如果一定要来学，可作为高级进修生。韩国朋友当即表示，还是要来学。不久，沈莲玉专程来拜访笔者，呈上硕士学位论文，并说，是日本专家推荐她来中国找笔者的。9月初，她来中国入学。不久，中韩建交，国家教委批准攻读博士学位。

图6-10 笔者和韩国博士生沈莲玉

The Author with his Student-doctorate from South Korea

图6-11 2002年笔者一家和韩国、日本
的留学博士生们

The Author's Family with Olverseas Doctorates in 2002

1997年，74岁已经离休的笔者也由学校"破格"评聘为博导，只收外国留学生。这一年，沈莲玉已顺利毕业回国两年，成为在中国纺织大学取得博士学位的第一个留学生。不久，她被韩国三家名牌大学聘请，开设中国纺织史博士课程。她和韩国导师合写的关于中国古代纺织品的韩文专著也于1998年出版。2008年，她应聘担任韩国传统工艺大学织染传统工艺的学科带头人，活跃在国际纺织史学界（图6-9）。

此后，又陆续来了三位韩国和一位日本博士生。由于需要，笔者也指导了两位本国博士生（图6-11）。

6.1.5 挖掘中国传统核心价值观
——以"中"求"和"

丝绸曾经风靡世界，成为国家的称号

笔者在编写《中国纺织科技史》的过程中，对历史上的纺织发明，做了创新思维的探索。例如对丝的发明，笔者认为，蚕本是桑树上的害虫，蚕和桑是一对矛盾，你死我活，势不两立。我们祖先把两者分离开来，通过人的调节，适度采叶喂养，从而使蚕桑两旺。此即"中庸之道"原理的应用：适度可以使本来"你死我活"的对立面，变为可以和谐共存，共同繁荣。这就是中国传统核心价值观："中""和"的具体应用。

图6-12 2002年11月7日报纸

The Newspaper of Nov. 7th in 2002 — New Explain
for the Origin of the English Word "China"

笔者还发现，英语"China"一词，是由法语单词"Chine"演变而来，其发音如"新"。而英语对中国石化，称"Sinopec"，则中国也发"新"音。这是来源于拉丁文"Sinae"，实为*丝*（Si）之音变。日本称中国为"Shina"（支那），也与上述拉丁语同源。可见，"China"一词实来源于"丝"。这一观点于2002年在杭州举行的国际会议上发表后，外国朋友很感兴趣，新华社做了报道。这是笔者的观点生平唯一地一次被新华社公开报道（图6-12）。

6.1.6 以史为鉴，断定纺织前途无量

20 世纪 90 年代开始，中国纺织出现不景气。"纺织是夕阳工业"的论调，甚嚣尘上。笔者根据历史的分析，认为，中国到 1995 年，棉纺生产能力所占世界份额，刚刚接近人口所占世界份额。毛纺织则生产能力份额还比人口份额低得多。所以，总量并不过剩。笔者写了《重振纺织雄风，必先走出误区》，于 1995 年在《中国纺织》第 4 期上发表。以后，又写了关于《宏观市场规律与纺织工业发展模式》的论文，于 1998 年在西安"第二届中国国际毛纺织研讨会"上发表，其英文稿刊登于中国纺织大学学报英文版。

6.1.7 古为今用，推陈出新

——历史学科成果的现代应用，产学研联合开拓生态纺织品新路

纺织史学科博士生韩国留学生金成熺提出：历史学科应当和当前生产结合起来。笔者认为这是非常重要的创见，就利用过去与江阴一家大型毛纺织企业的长期合作关系，合作研制天然植物染料以生产生态毛纺织品，就是把中国古代历史上的成功经验，利用现代高新技术，开发适应

图 6-13　863 项目课题组成员（左二为
金成熺，右二为王璐）
Research Group of the Program

图 6-14　科技进步二等奖证书
Cirtification of a Prize of the Research Program

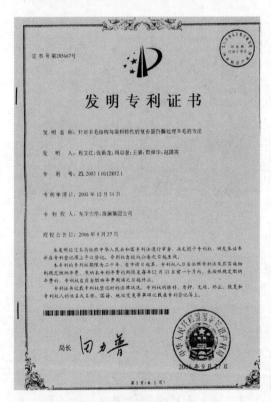

图 6-15　发明专利证书之一
Cirtification of a Chinese Patent

未来需求的生态纺织品。2002 年至 2005 年学校和企业联合承担了国家高技术研究发展（863）项目，经过三年苦战，2005 年通过国家科技部验收，总体评价为优。另经江苏科技厅组织的专家组鉴定，总体水平为国内领先，国际先进。在这个项目

中，获得江苏省科技进步三等奖一项、国家级新产品一项、发明专利授权 8 项（第一发明人都是笔者的研究生金成熹、程文红、侯秀良，笔者分别为第二或第三发明人），江苏省专利三等奖一项，中国纺织工业协会 2006 年度科技进步二等奖一项。此后，课题组循着利用天然材料开发生态、保健、复合功能纺织品的方向，以企业为基地，继续开展研究，同时培养研究生、企业科技人员以及博士后科研人员（图 6-14，图 6-15）。

6.1.8 后继盼人——辉煌前程待后生

20 世纪 70 年代末，与中国纺织史编写相结合，开始培养三年制研究生。毕业生中包铭新现在为服装学院服饰史论教授、博导。1997 年纺织史毕业博士生赵丰，入学前已是中国丝绸博物馆副馆长，现在兼任服装学院教授、博导。他所主编（笔者任第二主审）的《中国丝绸通史》获得国家级大奖。他带领年青师生开拓纺织文物保护研究，与英、法等国专家合作，开展"敦煌纺织品研究"，已出版中、英文专著多部。在现代应用领域，因国家863 项目课题组长必须为年青人，那时正好王璐博士留学法国回来不久，笔者就把她拉入课题组，让她担任组长，给她压担子。三年后课题完成时，她已从副教授升为教授兼东华大学纺织学院院长。金成熹博士后出站后，在上海自己创业，开办小型服装公司，自行设计、制作天然材料生态服装，进行市场化探索（图 6-16）。

与中国纺织史编写相结合，学校还筹建了纺织史陈列室，后来扩建为纺织史博物馆，现在与服饰博物馆合并，由上海市投资建成了上海纺织服饰博物馆，正式对外开放。

在欢庆人民共和国建国 60 周年的时候，回顾中国纺织史学科能够在"三个面向"上取得一些实践的成果，主要是因为中华民族先人给我们留下丰富的历史遗产，其次是因为我们党摸索出了中国特色社会主义道路。至于笔者个人，除了勤奋，只是做了任何人都能做到的事，对整个国家来说，只是沧海的一粟。现在，笔者已经 86 岁，早已进入党的细胞新陈代谢中"陈"的行列。但细胞可以代谢，机体却能长存。党和共和国正在兴旺时期，"好像早上八九点钟的太阳"，前景欣欣向荣。

图 6-16 华东纺织工学院纺织史编写组
左起：张志伯 黄国梁 赵文榜 杨汝楫
魏金坤 夏正兴 周启澄
Research Group of Textile History in the
Hua-dong Textile Institute

6.2 本书教学框架

6.2.1 中华民族文化中的纺织

● 人类文明的嚆矢——着衣是人类自觉避免近亲男女间性关系的结果（优生和行为规范）。

● 汉语词中的反映——现代汉语中来自纺织的修饰词、各学科的名词、成语。

● 与经济科技的关系——经济的主要组成，促进相关学科发展，当今第一出口大户，吸纳劳力超千万。

● 近现代科技的渊源——线编花本与电脑输入，生物工程。

6.2.2 纺织的历史渊源

投石索、骨针、纺轮、原始腰机零件、纺织品残片。

6.2.3 纺织生产的三次飞跃

● 第一次：中国纺织十大发明——育蚕取丝、振荡开松、多锭纺车、以缩判捻、丁桥组合、线编花本、缬染技艺、多彩织品、公定标准、组织劳动。

● 第二次：欧洲产业革命——创造大工业化的时代。

● 第三次：进入知识经济时代——原料超真化、设备智能化、工艺集约化、产品功能化、营运信息化、环境优美化。

6.2.4 从创造锭子到消灭锭子

搓绩→纺专→纺车（单锭→多锭）→走锭→环锭→转杯→喷气。

6.2.5 从创造梭子到消灭梭子

● 手经指挂→杼轴→刀杼→梭→片梭→剑杆→喷气。

● 纹杆→综杆→综框（单综→多综）。

● 线综→纹版→电脑控纹。

6.2.6 东方的色彩文化

三彩→五彩→七彩，无公害的天然染料染色。

6.2.7 千奇百怪的印花

手绘→凸纹版→镂空版→绞缬→蜡缬→滚筒→机印→转移印。

6.2.8 奇妙的现代纺织品

上天——宇航服，入地——土工布；外——衣饰，内——脏肤；如蝉翼——乔其纱，比鸿毛——丙纶；胜铁石——碳纤维复合材料，超橡胶——氨纶；可滤毒——功能纤维，抗电击——均压绸；面壁悬梁——墙布、壁挂，赴汤蹈火——石棉布；鹤发童颜——化妆面纱，如虎添翼——降落伞；护火箭头——耐超高温纤维复合材料，作防弹衣——尼龙；冬暖夏凉——相变材料，十步飘香——耐久香味纤维；醒脑消疲——气味纤维，舒筋活血——远红外纤维。

6.2.9 东西方纺织文化的交流

● 丝绸之路。

● “China”一词的由来。

6.2.10 纺织生产的发展规律

● 供求平衡——份额比，近50年的历史。

● 发展规律：

需求拉动→供应拉动→超常发展→急剧衰退→稳定发展

↘结构调整 - - -↑

6.3 汉英双语目录

6.4　专业关键词

6.4.1　汉/英对照

3 足搅车（《天工开物》）	Foot Gin from Tiangong Kaiwu
埃及提花毯	Patterned Blanket of Egypt
爱得利丝绸	Adelis Silk by Uygur Nationality
八角回龙	Octagon and Dragons
八套色印花	Progressive Printing with Eight Colors
北朝树纹锦	Brocade with Tree Figures（Northern Dynasties）
贝珠衣	Apparel with Shell and Pearl Sets
《本草纲目》	Ben Cao Gang Mu，Compendium Materia Medica
《豳风广义》	Bin Feng Guang Yi，Comprehensive Record of the Customs at Bin
并丝	Silk Doubling and Twisting
波斯天鹅绒	Persian Velour
采桑叶图	Picking Mulberry Leaves
《蚕书》	Can Shu，Book on Sericulture
蚕形虫纹牙质盅形器	Ivory Bowl Showing Silkworm Figures
出土的	Unearthed
杵	Pestle
刺绣	Embroidery
粗纱机	Roving Frame
搓绩	Spin with Fingers
大工业化纺织	Mass Industrial Textile Production
大花本	Major Pattern Sheet
傣族	Thai Nationality
单锭	Mono-spindle，Single Spindle

刀杼	Weft Inserting and Beating Instrument，Daozhu，Knife with a Cop
地织机	Ground Loom
丁桥织机	Dingqiao（Multi-pegged Pedals）Pattern Loom
东汉锦袍	Gown with Brocade Face（Eastern Han Dynasty）
东晋织成鞋	Pattern Woven Shoes of the Eastern Jin Dynasty
动力机器纺织	Power Machine Textile Production
动力铁木织机	Early Power Loom with Wooden Frame
动力织机	Power Loom
缎绣	Embroidery on Satin Ground
多锭	Multi-spindle
多锭大纺车	Grand Spinning Wheel with 32 Spindles
多锭纺车	Multi-spindle Spinning Frame
《多能鄙事》	Duo Neng Bi Shi，Capable of Doing All Sorts of Vulgar Things
多综多蹑机	Multi-harness Multi-pedal Pattern Loom
法国戈布兰织机	French Goblin Loom
方棋纹锦	Brocade with Chess Figures of the Tang Dynasty
纺车	Spinning Wheel
纺轮,纺专	Spindle Whorl
纺纱	Spinning，Yarn Manufacturing
纺纱头	Spinning Heads
纺织产品	Textile Products
纺织厂	Mill
纺织科学	Textile Science
纺织生产	Textile Production
纺织原料	Textile Raw Material
飞梭	Flying Shuttle
服装	Clothing
复锭	Couples Spindle
葛织物	Kudzu Cloth（4000 B. C.）
《耕织图》	Geng Zhi Tu，Pictures of Tilling and Weaving
功能	Function
宫蚕图	Drawings of Sericulture in the Palace
骨梭	Bone Shuttle
骨针	Bone Needle
滚筒印花机	Contemporary Rotary Printing Machine
哈尼族	Hani Nationality
和为贵	Harmonious Is Precious
河姆渡	Hemudu（about 4000 B. C.）
花本	Pattern Sheet

木弓	Wooden Bow
木棉拨车	Reeling Frame
木棉纺车《农书》	Foot Spindle Wheel with Three Spindles for Cotton Yarn Spinning from Nong-shu
木棉搅车(《农书》)	Hand Gin from Nongshu
《木棉谱》	Mu Mian Pu, Kapok Register
木棉线架	Doubling and Winding Frame
纳石失	Patterned Fabric with Gold-coated Yarns
《南村辍耕录》	Nancun's Notes Written at Leisure Moments During Farming
捻度	Twist
捻丝	Silk Twisting
捻缩	Contraction
捻线	Twisting
蹑	Treadle
《农桑辑要》	Nong Sang Ji Yao, Collection of Important Essays on Farming and Sericulture
《农书》	Nong shu, Treatise on Agriculture
《农政全书》	Nong Zheng Quan Shu, Complete Treatise on Agriculture
女俑	Maiden Figurine
沤池	Retting Pool
盘绦纹锦	Brocade with Spiral Bands Pattern
喷气纺	Air Jet Spinning
喷气织机	Air Jet Loom
皮条弹毛	Wool Opening with Leather Bands
片梭织机	Gripper Loom
平网印花机	Screen Printing Machine
《齐民要术》	Qi Min Yao Shu, Important Arts for the People's Welfare
气流纺	Rotor Spinning
青容	Gauze with Gold-painted Figures on Sky Blue Ground (Tang Dynasty)
染整	Dyeing and Finishing
人兽葡萄纹	Men-animal-grape Pattern
日本大和纺机	Japanese Gara Spinning Frame
萨克森内纺车	Saxony Spindle Wheel Simultaneously Twisting and Winding
尚书	Shang Shu, Historical Classic
设计	Design
绳子	Rope
诗经	Shi Jing, Book of Songs
示意图	Sketch
世界纺织史	World Textile History
手编	Hand Knitting

纹样	Pattern
无梭	Shuttle-less
舞人动物锦纹	Dancers and Animals Pattern
西班牙织物	Spanish Fabric
西汉素纱禅衣	Gauze Unlined Gown Weighing 49 Grams(the Western Han Dynasty)
《西京杂记》	Miscellanea of the Western Capital
洗毛	Wool Washing
细纱机	Ring Spinning Frame
显花技术	Pattern Forming Technology
现代毛纺走锭机	Contemporary Mule for Wool Yarn Spinning
现代绣	Contemporary Embroidery
湘绣	Hunan Embroidery
小花本	Minor Pattern Sheet
小亚细亚织锦	Minor Asian Brocade
斜织机	Inclined Loom
新石器时代	Neolithic Age
砑光	Glazing
羊毛	Wool
羊毛初加工	Wool Washing and Opening
腰机	Breast Loom
《仪礼》《周礼》《礼记》	Yi Li, Etiquette; Zhou Li, Records of the Institutions of the Zhou Dynasty; Li Ji, Book of Rites
意大利织物	Italian Fabric
翼锭罗拉纺机	Roller Spinning Frame with Flyers
引纬机构	Weft Inserting
印花布	Printed Cotton Cloth
印花绢	Printed Silk
印金花边	Gold-printed Lace
印染	Dyeing and Printing
纡	Cop
玉蛹	Jade silkworm Chrysalis
元宝石	Calendering Stone
原始手工纺织	Primitive Manual Textile Production
圆网印花机	Contemporary Rotary Screen Printing Machine
粤绣	Guangdong Embroidery
早期纺机	Early Spinning Frame
扎染	Tie-dyeing
扎染绢	Tie-dyeing Silk
轧棉车	Cotton Gin

战国	the Warring States Period
战国锦绵袍	Floss Gown (Warring States Period)
针织	Knitting
珍妮纺纱车	Spinning Jenny
振荡开松	Opening with a Bow
整理	Finishing
织缎机	Modern Satin Loom
织机	Loom
织金天鹅绒	Velour with Gold-coated Yarns
织呢局	Offical Woolen Mill
织造	Fabric Manufacturing
织造机具	Weaving Instruments
制丝	Silk Reeling
中庸之道	The Doctrine of the golden Mean
《周易》	Yi Jing, Book of Changes
竹弓	Bamboo Bow
竹笼机	Bamboo Cage Loom
专史	Specialized Textile History
妆花缎	Satin Zhuang Hua
妆花纱	Gauze "Zhuanghua"
《梓人遗制》	Zi Ren Yi Zhi, Time-Honored Institution of Carpentry
自动换纤	Auto Cop Changing
自动缫丝机	Auto Reeling Machine
综版织机	Card Loom
综杆	Heald Rods
综框	Heald Frame
走锭	Mule
组合踏板	Combinatorial Pedals
《左传》	Zuo Zhuan, Master Zuo Qiuming's Tradition of Spring and Autumn Annals

6.4.2 英/汉对照

Adelis Silk by Uygur Nationality	爱得利丝绸
air Jet Spinning	喷气纺
Apparel with Shell and Pearl Sets	贝珠衣
Auto Cop Changing	自动换纤
Auto Reeling Machine	自动缫丝机
Bamboo Bow	竹弓
Bamboo Cage Loom	竹笼机
Batik Dyed	蜡染

Ben Cao Gang Mu, Compendium Materia Medica	《本草纲目》
Bin Feng Guang Yi, Comprehensive Record of the Customs at Bin	《豳风广义》
Bone Needle	骨针
Bone Shuttle	骨梭
Braiding	手编
Breast Loom	腰机
Breast Loom of Wa Nationality	佤族织机
Brocade	锦
Brocade with Chess Figures of the Tang Dynastry	方棋纹锦
Brocade with Chinese Characters	万事如意锦
Brocade with Double Lotus Pattern on Blue Ground	蓝地重莲锦
Brocade with Figures of Double Cranes	双鹤锦
Brocade with Spiral Bands Pattern	盘绦纹锦
Brocade with tree Figures (Northern Dynasties)	北朝树纹锦
Bronze Vessel	铜器
Calendering Stone	元宝石
Can Shu, Book on Sericulture	蚕书
Card Loom	综版织机
Carved Stone	画像石
Chemical Fiber	化纤
Child Labors	童工
Clothing	服装
Cocoon	茧
Combinatorial Pedals	组合踏板
Contemporary Embroidery	现代绣
Contemporary Rotary Screen Printing Machine	圆网印花机
Contemporary Screen Printing Machine	平网印花机
Contemporary Air Jet Loom	喷气织机
Contemporary Mule for Wool Yarn Spinning	现代毛纺走锭机
Contemporary Rotary Printing Machine	滚筒印花机
Contraction	捻缩
Cop	纤
Cop Winding Wheel	纬车
Cotton Blanket	棉毯
Cotton Gin	轧棉车
Cotton Planting	植棉
Cotton Seeds Removing and Opening	棉花初加工
Couples Spindle	复锭
Cushion	靠垫

Grand Spinning Wheel Driven by Stream Water	水转大纺车
Grand Spinning Wheel with 32 Spindles	多锭大纺车
Gripper Loom	片梭织机
Ground Loom	地织机
Guangdong Embroidery	粤绣
Hand Gin from Nongshu	木棉搅车(《农书》)
Hand Knitting	手编
Hand Spinning Wheel	手摇纺车
Handcraft Textile Industry	手工纺织业
Hani Nationality	哈尼族
Harmonious Is Precious	和为贵
Heald Frame	综框
Heald Rods	综杆
Healds Lifting	提综
Hemudu (about 4 000 B. C.)	河姆渡
Hexagonal Pattern	六边形纹
History of Silk Production	丝绸史
Hunan Embroidery	湘绣
Inclined Loom	斜机
Inclined Loom	斜织机
Infant Ducks in Lotus Pool	《莲塘乳鸭图》
Italian Fabric	意大利织物
Ivory Bowl Showing Silkworm Figures	蚕形虫纹牙质盅形器
Jade Silkworm Chrysalis	玉蛹
Japanese Gara Spinning Frame	日本大和纺机
Kemao	缂毛
Knife with a Cop	刀杼
Knitting	针织
Kudzu Cloth (4 000 B. C.)	葛织物
Leno	花罗
Leno with Gold-coated Yarns	金罗
Li Nationality	黎族
Loom	织机
Lozenge Pattern	菱花
Machine Knitting	机编
Maiden Figurine	女俑
Major Pattern Sheet	大花本
Manual Machine Textile Production	手工机器纺织
Mashlubu (a Kind of Piled Silk/Cotton Mixed Fabric)	玛什鲁布

Pottery Plate	陶碟
Pottery Vessel	陶器
Power Loom	动力织机
Power Machine Textile Production	动力机器纺织
Primitive Manual Textile Production	原始手工纺织
Printed Cotton Cloth	印花布
Printed Silk	印花绢
Processing Technology	加工工艺
Progressive Printing with Eight Colors	八套色印花
Qi Min Yao Shu, Important Arts for the People's Welfare	《齐民要术》
Rapier Loom	剑杆织机
Reeling Frame	木棉拨车
Retting Pool	沤池
Ring Spinning Frame	细纱机
Roller Spinning Frame with Flyers	翼锭罗拉纺机
Rope	绳子
Rotor Spinning	气流纺
Roving Frame	粗纱机
Satin Zhuang Hua	妆花缎
Saxony Spindle Wheel Simultaneously Twisting and Winding	萨克森内纺车
Scouring and Bleaching	练漂
Shang Shu, Historical Classic	尚书
Shi Jing, Book of Songs	诗经
Shujing Loom for weaving Sichuan Brocade	四川蜀锦机
Shuttle	梭
Shuttle-less	无梭
Sichuan Embroidery	蜀绣
Silk "Qi" (Twill Patterns on Plain Ground)	纹绮
Silk Doubling and Twisting	并丝
Silk Reeling	制丝
Silk Twisting	捻丝
Silk Weaving	丝织
Single Spindle	单锭
Sketch	示意图
Sleeping Cushion	睡垫
Spanish Fabric	西班牙织物
Special Figure Looms	特殊纹织机
Specialized Textile History	专史
Spindle Whorl	纺轮,纺专

参考书目

［1］ P. Walton. The Story of Textiles. Boston：Walton Advertising and Printing Co. , 1912.

［2］ A. Geijer. The History of Textile Art. Stockholm：Pasold Research Fund Ltd, 1979.

［3］ 陈维稷,严灏景,周启澄,等. 中国大百科全书·纺织. 北京:中国大百科全书出版社,1984.

［4］ 陈维稷,周启澄,高汉玉,等. 中国纺织科学技术史(古代部分). 北京:科学出版社,1984.

［5］ 周启澄,赵文榜,陈浦. 纺织染概说. 北京:纺织工业出版社,1985.

［6］ 周启澄. 中国的传统丝绸. 中国大百科全书·经济学. 北京:中国大百科全书出版社,1988.

［7］ Jennifer Harris. Textiles, 5000 years, Harry N. Abrams, Incorporated, New York, 1993.

［8］ (韩)沈莲玉. 中国历代纹织物组织结构、织造工艺及织花机的进展[博士论文]. 上海:中国纺织大学,1995.

［9］ 周启澄,赵文榜,高汉玉,等. 中国近代纺织史. 北京:中国纺织出版社,1997.

［10］ 赵丰. 中国传统织机及织造技术研究[博士论文]. 上海:中国纺织大学,1997.

［11］ 周启澄. 中国近代纺织技术. 中国通史. 上海:上海人民出版社,1999.

［12］ [韩]金䤨兰. 中国古代织绣品传统科技与美学特征研究[博士论文]. 上海:中国纺织大学,1999.

［13］ 赵丰. 织绣珍品. 香港:艺纱堂/服饰出版,1999.

［14］ 周启澄. 纺织技术. 中国近现代技术史. 北京:科学出版社,2000.

［15］ [韩]金成禧. 中国传统印染工艺研究[博士论文]. 上海:东华大学,2000.

［16］ [日]鸟丸知子. 中国综版式织机技法与锦带研究[硕士论文]. 上海:东华大学,2000.

［17］ 邢声远,周启澄. 中国科学技术史·纺织卷(第四编). 北京:科学出版社,2002.

［18］ 赵丰. 纺织品考古新发现. 香港:艺纱堂/服饰出版,2002.

［19］ [韩]卢辰宣. 织金织物及织造技术研究[博士论文]. 上海:东华大学,2004.

［20］ 周启澄,王璐,程文红. 纺织染概说(新世纪版). 上海:东华大学出版社,2004.

［21］ 赵丰. 中国丝绸通史. 苏州:苏州大学出版社,2005.

［22］ [韩]卢辰宣. 大花楼机及妆花织造技术研究. 博士后研究工作报告. 上海:东华大学,2007.

［23］ 郑巨欣. 中国传统纺织印花研究. 杭州:中国美术学院出版社,2008.

［24］ [日]鸟丸知子. 一针一线. 蒋玉秋译. 北京:中国纺织出版社,2011.

致　　谢

　　本书引用了《中国大百科全书纺织卷(第一版)》纺织史学科中多位专家的条目稿,特此致谢!

谨将本书献给:

倡导和组织纺织科技史研究的前辈

——陈维稷老师和朱新予老师

为研究和推广纺织科技史耗尽后半生心血的老友

——高汉玉同志、赵文榜同志

以及参与本书第一版编写的作者之一

——屠恒贤同志